输电线路运维数字化管理培训教材

国网浙江省电力有限公司嘉兴供电公司　组编

中国电力出版社

内 容 提 要

当前，国家电网公司对电网安全管控、运检质效提升及基层服务水平提出了更高的要求，迫切需要我们立足专业长远发展，结合输电专业数字化转型，聚焦重点领域、贯通关键环节、解决突出问题，加快输电线路运维管理数字化转型和智能化升级，推动输电专业安全、质量、绩效的全面提升。为此，国网浙江省电力有限公司嘉兴供电公司组织编写了本书。本书共 5 章，分别为概述、本质安全提升、数智运维转型、两个班组建设和深化设备主人制建设。可供输电专业运维检修人员及管理人员参考。

图书在版编目（CIP）数据

输电线路运维数字化管理培训教材 / 国网浙江省电力有限公司嘉兴供电公司组编. —北京：中国电力出版社，2023.4
ISBN 978-7-5198-7646-3

Ⅰ. ①输… Ⅱ. ①国… Ⅲ. ①输电线路–电力系统运行–技术培训–教材②输电线路–维修–技术培训–教材 Ⅳ. ①TM726

中国国家版本馆 CIP 数据核字（2023）第 045361 号

出版发行：中国电力出版社
地　　址：北京市东城区北京站西街 19 号（邮政编码 100005）
网　　址：http://www.cepp.sgcc.com.cn
责任编辑：邓慧都
责任校对：黄　蓓　于　维
装帧设计：张俊霞
责任印制：石　雷

印　　刷：三河市万龙印装有限公司
版　　次：2023 年 4 月第一版
印　　次：2023 年 4 月北京第一次印刷
开　　本：787 毫米×1092 毫米　16 开本
印　　张：7.5
字　　数：152 千字
印　　数：0001—1500 册
定　　价：45.00 元

版 权 专 有　侵 权 必 究

本书如有印装质量问题，我社营销中心负责退换

编 委 会

主　任　张　勇

副主任　张森海　毛琳明　江　洪　刘章银
　　　　曾　东　张华杰

委　员　赵梦石　肖　民　沈　坚　张　昕
　　　　崔建琦　陆　丹　张唯真　吉　祥
　　　　葛黄徐　唐夏明　葛　岩　陈　煜

编 写 组

主　编　张华杰
副主编　赵梦石　张　勇　曾　东　刘章银
参编人员　张　昕　沈　坚　尹　起　张艺川
　　　　　　吉　祥　葛　岩　崔建琦　李大伟
　　　　　　王舒清　付世杰　李　牧　凌汝晨
　　　　　　曹哲成　闫仁宝　陆　丹　王　鹏
　　　　　　肖　民　沈方晴　魏　威　郭一凡
　　　　　　颜奕俊　纪　磊　朱建斌　王晓亮
　　　　　　刘　伟

前 言
FOREWORD

电力是现代社会正常运行的基础，输电线路作为能源传输的主要载体，其稳定运行直接关系国计民生和经济社会稳定。在输电线路外部运行环境日趋复杂、巡检模式有待优化、集中监控缺乏体系的大背景下，国网嘉兴供电公司始终坚持以确保线路本质安全为核心，聚焦"立体巡检+集中监控"运维模式转型升级，实现无人机自主巡检替代人工巡视、可视化微拍替代人工通道巡视，聚力设备管理在"立法、执法、网络、协同"层面的"四个突破"，建立健全"内部联防、外部联动、区域联管、队伍联战"的"四联"工作机制，以数字化牵引赋能安全基础，以核心技能提升助力创新发展，在专业管理上实现"软硬兼优，量质双升"。

随着物联网和信息通信技术的迅猛发展，近几年输电专业结合自身实际，大力加强智能运检装备及状态感知装置的落地应用，为传统输电运检工作带来了巨大的生机和活力。一是设备状态感知手段持续丰富，随着在线监测、环境感知、可视化监控等各类感知装置的规模化部署与规范化应用，远程集中监控已成为基层运检必备手段之一；二是以无人机、直升机、移动作业等方式为主的空天地协同立体巡检模式的应用，精准掌控设备本体状态及通道环境状况，巡检质效显著提升；三是依托资源业务中台及互联网大区，整合并升级多维度专业系统，构建输电全景监控应用群，实现输电线路全景监测、巡检管理、作业管控等多元化业务微应用，全面支撑输电专业数字化转型。为此，国网浙江省电力有限公司嘉兴供电公司组织输电专业数字化转型从业人员编写了《输电线路运维数字化管理培训教材》。

本书共 5 章，分别为概述、本质安全提升、数智运维转型、两个班组建设和深化设备主人制建设。本书结合输电专业数字化转型，聚焦本质安全提升、贯通关键环节、解决突出问题，加快输电线路运维管理数字化转型和智能化升级，可供输电专业运维检修人员及管理人员参考。

本书限于作者的经验水平及编写时间限制，书中的不足和纰漏之处在所难免，恳请广大读者批评指正。

编 者

2023 年 2 月

目 录
CONTENTS

前言

1 概述 ··· 1
   1.1 背景介绍 ·· 1
   1.2 输电线路数字化运维基本内容 ··· 2

2 本质安全提升 ··· 4
   2.1 差异化运维模式 ·· 4
   2.2 优化运检设备资源配置 ·· 13
   2.3 提升状态感知能力 ·· 34
   2.4 防外破协同处置体系创新 ··· 36

3 数智运维转型 ··· 46
   3.1 集中监控模式优化 ·· 46
   3.2 建立输电线路数字孪生应用 ·· 47
   3.3 架空输电线路数字孪生主要建设内容 ··································· 48

4 两个班组建设 ··· 69
   4.1 数字化班组建设 ·· 69
   4.2 全业务核心班组 ·· 77
   4.3 实施成效 ·· 84

5 深化设备主人制建设 ·· 85
   5.1 设备主人制建设的目标描述 ·· 85
   5.2 设备主人制建设的主要做法 ·· 87

附录 A 输电专业集中监控建设管理办法 ······································· 92

附录 B 输电线路状态监测装置应用实施细则 ································· 99

1 概　述

1.1　背　景　介　绍

当前，我国正致力于构建清洁、低碳、安全、高效的能源体系，在全球新一轮科技革命和产业变革中，互联网理念、先进数字技术与能源产业持续深度融合，正在推动能源领域新技术、新模式和新业态的兴起。面对这一时代机遇，输电专业管理在加强高效交流、推动科技创新的基础上，建立数字赋能、运维高效、多元合作、基础坚实的安全保供模式，推动传统模式向更高质量纵深发展，助力专业数字化、智能化转型的目标。国网嘉兴供电公司结合自身工作，牢牢把握新型电力系统建设契机，统筹输电线路保供安全和数智转型，改变依靠人海战术保电的传统做法，以"精准感知、数字洞察、智能研判、决策最优"打通设备信息透明管理全链路，以"本质提升、精确评价、靶向检修、应急高效"贯穿电网异常快速处置全流程，以数字化牵引赋能输电线路科技保电核心特征，坚持系统观念、突出实战实效，实现坚强电网与智能电网融合跃升。

（1）保障电网安全运行的必然要求。国家电网公司作为关系国民经济命脉和国家能源安全的骨干企业，电网安全责任重于泰山。输电线路作为能源传输的重要载体，是保障大电网安全运行的关键环节，是支撑中国特色国际领先能源互联网企业建设的重要基础，是优化资源配置、提高社会综合效益、落实国家"双碳"战略的重要途径。对于输电线路运维管理单位，在履行输电设备本质安全与平稳运行核心职责的同时，深入推进"立体巡检＋集中监控"运维模式转型，加快构建覆盖范围更广、感知能力更强、预测精度更高的运维管理体系，建立完善合理可持续的运维管理机制，不断采取措施抓牢核心业务、提升工作效率、提高运检质量。全力推进坚强电网与智慧电网协同融合发展，也是保障电网安全可靠运行的必然要求。

（2）推进科技创新的必然选择。近几年国家电网公司结合自身实际，大力加强智能运检装备及状态感知装置的落地应用，无人机、可视化、状态传感器等技术为传统输电运检工作带来了巨大的生机和活力。但在输电线路外部运行环境日趋复杂、巡检模式有待优化、集中监控缺乏体系的大背景下，现有的状态全面感知、场景全面监控模式有待升级。因此，基于物联网的智能感知设备、高效灵活智能运检装备及云雾协同大数据分析等新装置、新技术，与传统输电运检业务深度融合，实现输电运检提质增效，也是推进科技创新的必然选择。

（3）实现输电专业数字化转型的必由之路。在全社会对供电可靠性要求不断提高，内部专业管理更趋精益化的背景下，现有的状态全面感知、信息多源融合、电网主动防御的模式能力无法满足国家电网公司智慧电网建设的需求。因此，全面提升输电线路感知能力是攻克新一代输电线路示范工程建设难题的关键关节。将基于物联网的智能感知设备、高效灵活智能运检装备及云雾协同大数据分析等新装置、新技术，与传统输电运检业务深度融合，实现输电运检向智慧化、多元化、生态化转变，是深化智慧输电线路建设的关键所在，也是输电专业数字化转型的必由之路。

1.2　输电线路数字化运维基本内容

近年来，国家电网公司全面加快新基建重点项目建设，明确提出状态感知、全景监控的新一代输电线路示范工程建设重点工作。本质安全、状态感知、全景监控、运检高效和效益最优是新一代输电线路的五大特征，其中状态感知是实现输电线路智能化的核心基础，全景监控是实现电网管理数字化的重要手段。国网嘉兴供电公司输电专业通过总结前期管理经验，凝练优秀做法，以全员设备管理、全面质量管理、全寿命周期管理为核心，以高设计标准、高规格采购、高质量建设、高质效运维全流程打造输电设备本质安全，以状态全感知、场景全监控、应急高效能打造输电设备立体防护。

在管理上，建立以"强基固本+内外联动"为主的管理责任体系；深化三级精密护线体系，不断深化以班组网络（设备主人）、护线网络（外协队伍）和属地化网络（属地化联络员）组成的三级护线网络，按照运行规程并结合交叉巡视对示范工程区域开展隐患排查，收集线路状态信息，建立线路隐患专档，实现输电通道风险动态管控，在线路运行维护方面取得了突出成绩和效果。构建内外联动联防网络，及时有效的地沟通机制是打破行政疆界壁垒的有效手段，随着国家电网公司先后发布的《特高压密集输电通道运维保障工作规范》《加强密集通道安全运行重点措施》，明确将"落实密集通道电力设施保护"纳入政府公共安全管理和社会治安综合管理责任考核范畴工作。

在业务上，建立以"人机协同+通道可视"为主的立体巡检模式和以"集成集约+智慧物联"为主的集中监控模式；在输电线路外部环境日趋复杂、内部管理方式更趋精益化的背景下，为应对专业人才储备不足、结构性缺员问题等日益突出的问题，示范工程建设坚持"科学规划、注重实效、精准运维、机器替代"的基本原则，充分发挥输电运检新技术、新装备在新形势、新背景下的作用，建立以"人机协同＋通道可视"为主的立体巡检模式。进一步推动集中监控模式建设，贯彻落实国家电网公司《输电专业集中监控建设指导意见》，示范工程依据专业发展定位，以运维资源和技术手段为基础，两个应用为支撑，两大能力（全息感知能力、智能分析能力）为保障，实现三个要素（设备、人员、业务）全景可视的远程集中监控模式。

在队伍上，构建以"业务全面＋技能精湛"为主的基层价值创造单元。推进数字化班组和全业务核心班组"两个班组"建设。以智能运检班组建设为基础，以新一代设备资产精益管理系统为业务核心，按照管理、技术、业务、装备同步推进原则，打造适用于示范工程线路运维的数字运检智能班组。输电运检班方面，聚焦班组常态业务与核心业务，充分运用无人机、在线监测、移动终端、智能穿戴等技术装备，将传统纸质派单、口头派活的班组管理模式创新为以应用群和移动作业终端为主的数字化模式，改进班组获取设备状态的方式方法，实现了重点任务、巡视任务、检测任务等运检工作的全业务流程化派单和全流程痕迹化管控。以设备主人管理为核心，通过核心团队级与班组级设备主人的两级架构，引入现代化技术打造设备主人多元服务支撑体系，使运维与管理紧密围绕设备全过程管控，建立工区级核心设备主人与班组级设备主人的两级运维模式。

2 本质安全提升

2.1 差异化运维模式

2.1.1 差异化运维管理思路和策略

面对输电网规模增长与现有运维资源配置之间矛盾突出、输电线路运行的内外部环境复杂多变的形势下,梳理目前运维模式存在的问题,探索创新输电线路运维模式,建立以输电线路精益化管理为主线,以提质增效、精准投资为目标,以线路综合状态评价为基础,综合线路基本台账、缺陷及隐患业务信息、特殊区段、沿线地理环境、季节性特点,以及历年故障记录、投运年限、线路重要性、电网风险预警、重大活动保电等信息开展线路设备和通道状态评价提高评价的准确性,以运维检修差异化定级、差异化运维策略制订实施为基本流程的输电线路差异化运维模式,从人员、装备、管理等方面差异化着手,通过优化配置内外运维资源、合理调整运维周期、强化运维质量管控、创新应用智能运检技术等措施,有重点、有计划、有措施地开展线路差异化运维工作,建立输电线路差异化运维体系,加强重点线路、重要区段以及重要部位运维检修,提升线路设备本体和通道安全水平,提升线路运维工作效率,减少重复工作量,缓解现有运维资源配置矛盾,实现输电线路管理更精益、本质更安全、运检更智能、队伍更专业("五个更优"),提升安全管控力和管理穿透力。

2.1.2 差异化运维管理的目标

建立输电线路差异化运维检修体系,综合考虑线路及区段重要程度、状态评价结果、运行时间等因素,制订差异化巡视、检修策略,充分利用有限的运维资源,加强重点线路、重要区段以及重要部位运维检修,提升线路设备本体和通道安全水平。专业管理的指标体系及目标值见表2-1。

表 2-1 专业管理的指标体系及目标值

序号	指标体系	目标值(%)	备注
1	状态评价覆盖率	100	全面反映设备和通道状态,为差异化定级提供信息支撑
2	差异化定级覆盖率	100	反映线路巡视、检修差异化定级情况
3	差异化定级准确率	大于90	反映线路巡视、检修差异化定级情况
4	隐患处理率和闭环率	100	反映差异化运维检修策略的执行情况
5	缺陷消除率	100	反映差异化运维检修策略的执行情况

2.1.3 专业管理工作的流程

输电线路差异化运维检修工作流程如图2-1所示。

主要流程说明如下:

(1) 收集状态信息,分析线路运行情况。

1) 人机协同巡检,隐患排查收集状态信息。人工巡视以定期专业巡视方式为主、以外协联防辅助巡视为辅、以沿线群众护线员撒网式巡视为补充的综合交叉巡视法,以输电"六防"、专项工作为重点,按照运行规程并结合日常巡视深入开展隐患排查,重点检查线路运行危险点及通道内树木、异物、交跨等线路本体设备有无缺陷或安全隐患,收集线路状态信息,建立线路隐患专档。

建立人机协同巡检模式,全方位开展线路状态巡视。在人工日常巡视基础上,在重要线路或区段开展以下巡视:① 直升机对500kV及以上重要线路进行每年一次巡视,重点检查收集设备本体缺陷。② 无人机常态化开展无人机"三跨"区段、特高压交直流输电线路等Ⅰ级巡视区段线路精细化巡检工作,作为人工地面巡视有效补充,重点巡视杆塔细小金具缺失、锈蚀,导地线锈蚀、断股等缺陷,特别是"三跨"隐患、大截面线夹检查、老旧地线检查等,替代人工登杆检查;利用无人机开展基建、市政工程新设备验收,对发现的缺陷整治情况进行复验;将无人机巡视纳入应急管理,快速查找识别线路故障情况,为应急抢修的快速开展提供现场可视化信息。③ 合理布置在线监测装置远程监控线路状态,如利用图像监控辅助危险点现场管控、利用电缆护层环流监测装置监测电缆运行状态等。目前,已安装745套在线监测装置,256套特高压通道可视化装置，覆盖嘉兴公司特高压通道、省市重点工程施工作业危险点等重点区段的管控。

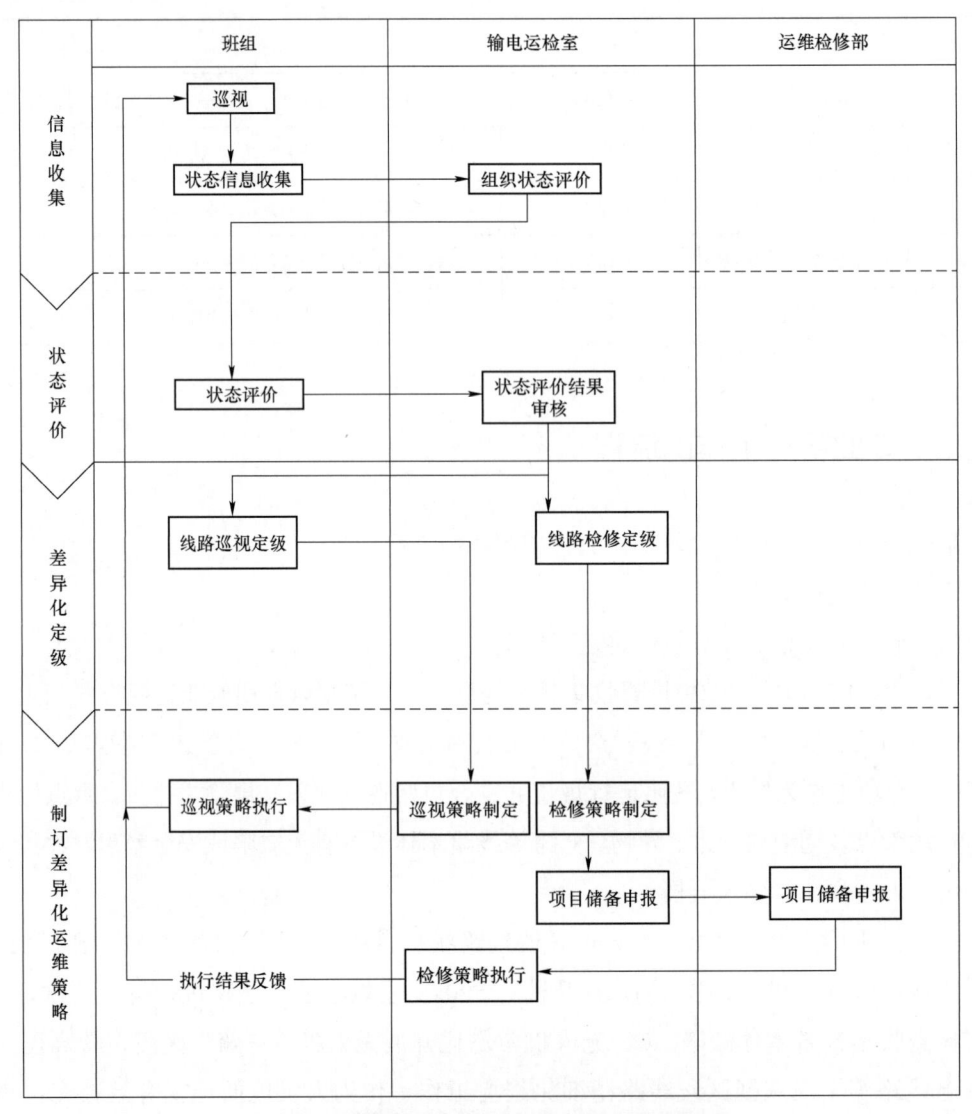

图 2-1 输电线路差异化运维检修工作流程

2）收集分析线路历史异常故障信息。对线路历史故障跳闸事件、缺陷、危险点进行统计，分析故障和异常多发区域和多发时间段，为状态评价评价和运维策略的针对性设施提供数据支持。以嘉兴地区为例，统计 2008~2018 年故障类型（见图 2-2），共计发生 110kV 及以上架空输电线路故障 158 次，其中雷击 82 次，占总体故障数量的 51.89%；外力破坏 44 次，占总体故障数量的 27.85%；鸟害 9 次，占总体故障数量的 5.70%；异物 10

次，占总体故障数量的 6.33%；风偏闪络 4 次，占总体故障数量的 2.53%；产品质量 5 次，占总体故障数量的 3.16%；动物影响（蛇害）3 次，占总体故障数量的 1.90%；施工质量 1 次，占总体故障数量的 0.63%。经过故障发生地域及月份分布情况分析，海宁地区故障占比最高为 21%，4 月和 8 月为故障高发期。其中，外力破坏主要发生于南湖地区及海盐地区；雷击主要发生于海宁地区；异物引起跳闸在海宁地区及海盐地区发生频次最高，秀洲地区为鸟害引起线路故障高发区。嘉兴地区 2008～2018 年电力故障发生月份统计如图 2-3 所示。

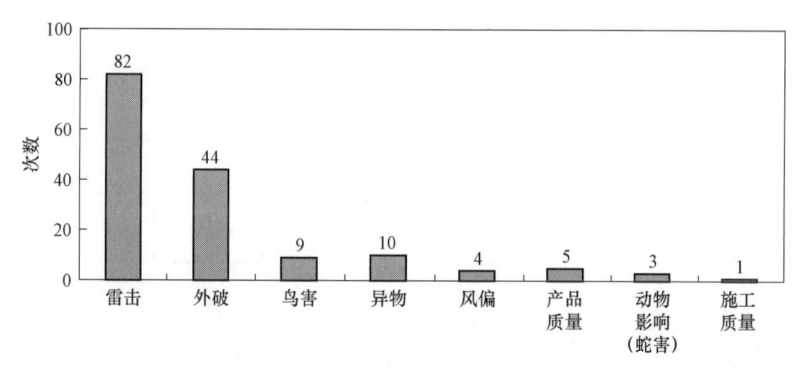

图 2-2 嘉兴地区 2008～2018 年 110kV 及以上架空输电线路故障（按故障类型统计）

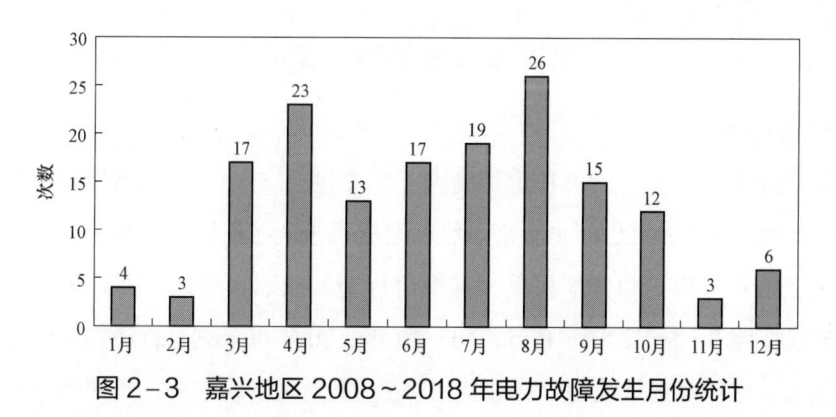

图 2-3 嘉兴地区 2008～2018 年电力故障发生月份统计

（2）分层分级、综合评价线路状态。

1）综合状态评价总体架构。为更准确地掌握状态，嘉兴公司积极探索综合状态评价的技术体系，融合设备状态评价和重要通道风险评估方法，采集分析线路运行信息、线路重要性、季节性特点、地理环境等信息，确定影响线路状态的因素的扣分规则、评价规则、因素的权重，根据因子类别基于多层模糊综合评判方法建立综合评价导则和评价模型，对线路状态进行综合评价，确定基本的差异化巡视、检修级别，再结合无时间规律的电网风险预警、重大活动保供电、专项工作等滚动开展差异化定级，根据差异化定级结果制订差异化巡视、检修策略并执行。综合状态评价架构如图 2-4 所示。

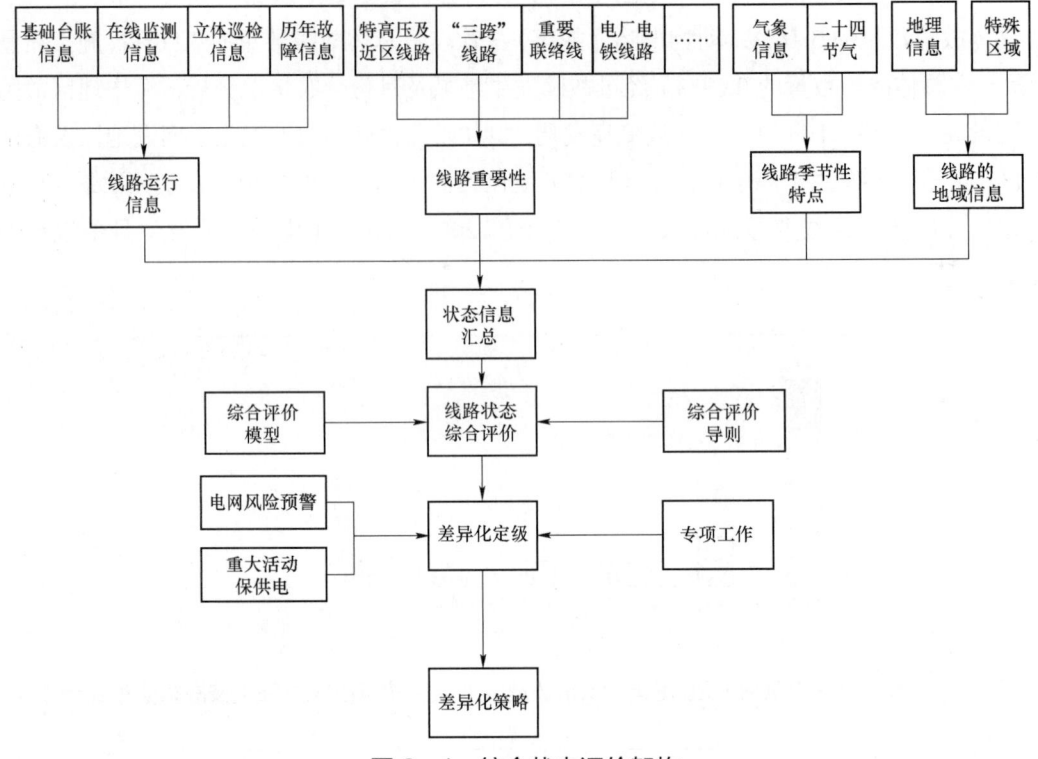

图 2-4　综合状态评价架构

2）综合状态评价。

a. 确定状态影响因子。状态评价影响因子主要包括 5 种，即线路运行情况、投运年限、线路重要性、气象特征、环境特征，然后根据每个因子影响程度划分 4 个等级，确定每个影响因子的扣分原则和分配权重。其中运行情况按照设备缺陷和通道隐患的等级划分；投运年限按照 0~5 年、5~10 年、10~20 年、20 年以上划分；线路重要性按照特高压及近区线路、电厂及电铁线路、"三跨"线路、重要联络线划分；气象特征主要按照台风、覆冰、雷害、暴雨等，并结合输电线路二十四节气划分；环境特征主要按照地形地貌以及根据线路"五图"和运行信息确定的多雷区、鸟害区、污秽区、外破区等特殊区域划分。每个因子分 4 个等级扣分，影响程度高的扣分最多。

b. 评价方法。由于影响输电线路运行因素的较多，且各因素之间还有不同的类别和层次。若某些因素的权重选得过小，则会使权重矩阵在复合运算中作用减弱甚至不起作用，因此一般建立多层模糊综合评判模型比较合适。对架空输电线路采用四级综合评判模型，该模型建立步骤如下：

a）设 P 为因素集。将因素集 P 中 n 个因素按照一定准则进行分组；同类性质因素分

为一组，设共划分为 m 组，则

$$P = \bigcup_{i=1}^{m} P_i \qquad (2-1)$$

式中，当 $i \neq j$ 时，$P_i \cap P_j = \varnothing$，$P_i$ 含有 n_i 个因素。记为 $P_i = \{P_{i1}, P_{i2}, \cdots, P_{in}\}$，其中 $\sum_{i=1}^{n} n_i = n$。式（2-1）中 P 为一级评判因素集合，P_i 为二级评判因素集合。依此类推，还可以将 P_i 进行细分，得到三级以上评判因素集合。

b) 设 $V = \{V_1, V_2, \cdots, V_l\}$ 为评语集。对每个 P_i 用多层模糊综合评判模型进行模糊综合评判。得到 P_i 对于评语集 V 的影响因子 B_i，其中模糊化规则库由输电系统方面专家根据实际线路运行情况设计分析后给定。

c) 对于影响因子集 $B = \{B_1, B_2, \cdots, B_i\}$，求取影响因子和 $R = \text{sum}(B)$ 以及最大影响因子 $S = \max(B)$，再次对 R 和 S 使用模糊综合评判模型，最终得到评价结果 V_i。

d) 对于三级以上线路评价分层模型，反复调用步骤 b) 和步骤 c)，即可得到输电线路综合评价结果。

e) 建立评价分层模型，对输电线路进行层次分析，将输电线路分为目标层、准则层、子准则层和孙准则层。目标层即为输电线路本身，准则层为输电线路杆位，子准则层为输电线路基础、杆塔、导地线、金具、绝缘子串、接地装置、附属设施、通道环境和气象地理信息，孙准则层为线路单元的原始资料、运行数据、检修记录、状态监测数据以及其他资料整理得出的状态量。线路评价分层模型如图 2-5 所示。

f) 通过输电线路模糊推理模型实现输电线路评价分层模型中、下层对上层的模糊化评判，采用两层模糊推理模型，对每个状态量进行单独的模糊综合评判，得到相对于上层的影响因子，将影响因子的和以及最大影响因子再进行一次模糊综合评判，得到上层的评判结果。线路评价模糊推理流程如图 2-6 所示。

c. 评价流程。线路状态评价的整体过程根据层次划分为线路单元、杆塔、区段 3 层，状态包括正常风险、低风险、中风险、高风险等四个状态。① 根据缺陷及隐患的权重和严重程度得到具体的扣分，评价出基础、杆塔、导地线、绝缘子、金具、接地装置、附属设施、通道环境等 8 个线路单元的状态。② 根据线路单元的权重和状态得到线路单元的扣分，同时根据设备运行年限得到杆塔的年限扣分，根据杆塔所处的环境区域的权重，结合当前的节气，得到杆塔的环境扣分，根据杆塔所处的气象天气情况，得到杆塔的天气扣分，再由线路单元扣分、年限扣分、环境扣分和天气扣分、重要性扣分的最大值和合计值得到杆塔的状态。③ 由线路中状态最严重的杆塔决定线路区段或者整体线路的状态。

图2-5 线路评价分层模型

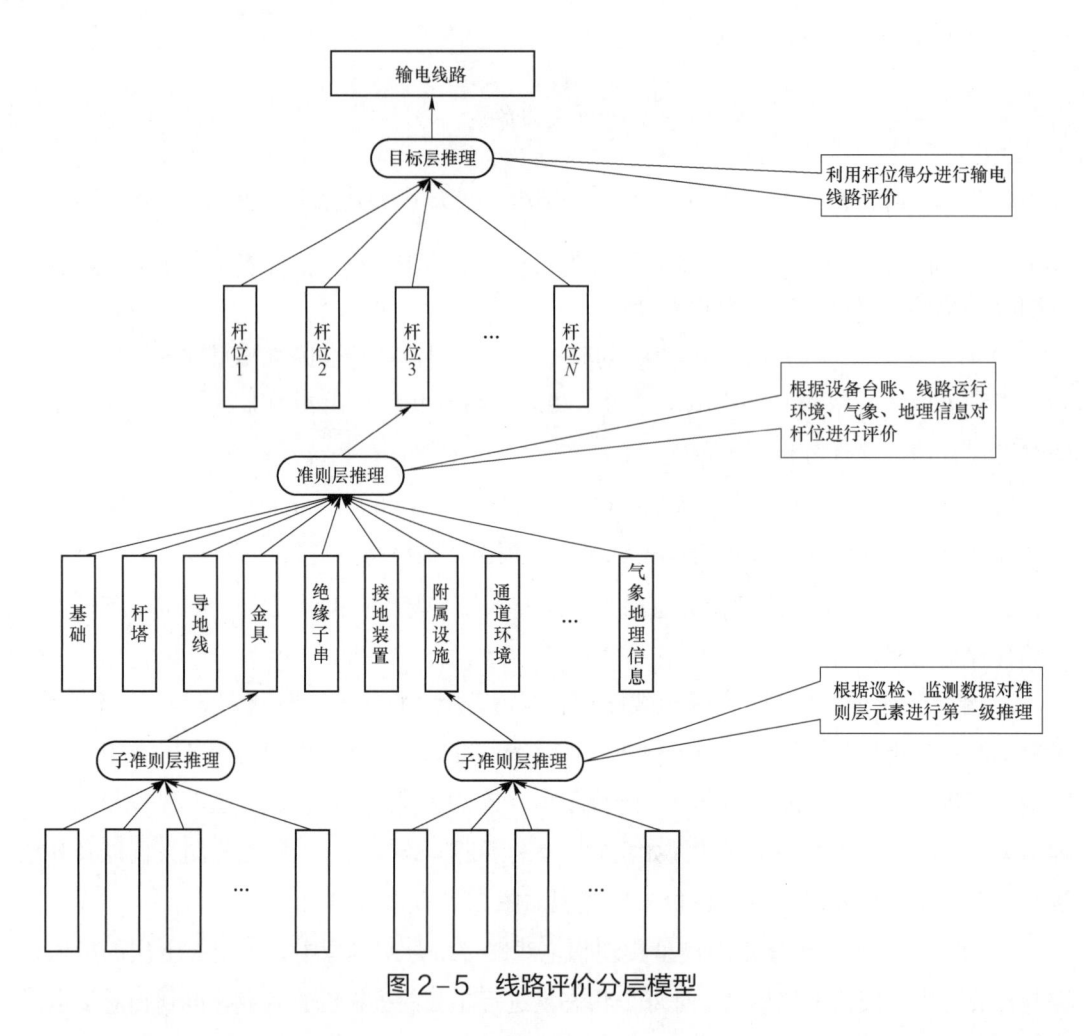

d. 明确差异化定级和策略标准。为进一步提升输电线路精益化管理水平，开展配套管理制度建设，制定嘉兴公司《输电"立体巡检+集中监控"运维管理指导意见》，建立差异化工作机制，针对嘉兴各区域各区段滚动开展线路状态评估和定级，有重点、有计划、有措施地开展输电线路差异化运维工作。按照输电线路状态评价结果及区段重要程度，对区段巡视紧迫性进行分级，分为Ⅰ、Ⅱ、Ⅲ级3个类别，其中Ⅰ级区段最高，Ⅲ级区段最低（见表2-2）。

Ⅰ级区段主要包括状态评价结果为注意及以上状态杆塔、三跨、重要线路交跨和外破易发区、偷盗多发区、采动影响区、水淹（冲刷）区等特殊区段。

Ⅱ级区段主要包括远郊、平原等一般区域的线路区段；状态评价为"正常"的线路；跨越220kV及以上电力线路、通航河流、城市公路及省道等线路区段。

Ⅲ级区段主要包括除Ⅰ、Ⅱ级区段外的其他线路区段。

梳理形成度差异化运维试点区段1918.9km，其中Ⅰ级区段7段325.5km、Ⅱ级区段

121段837.2km、Ⅲ级区段100段759.2km、Ⅳ级区段24段143km。

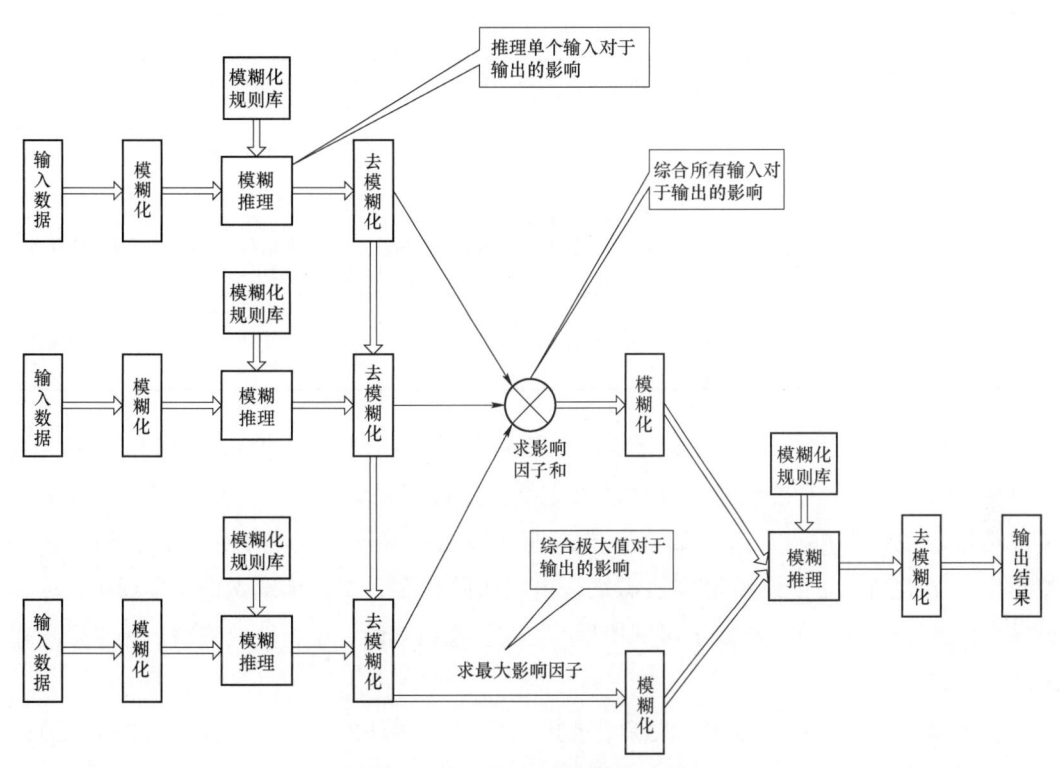

图2-6 线路评价模糊推理流程

表2-2 嘉兴公司输电线路巡视定级

电压等级（kV）	Ⅰ级线路或区段（次）	Ⅱ级线路或区段（次）	Ⅲ级线路或区段（次）
1000	2	0	0
±800	2	0	0
±500	3	0	0
500	28	0	0
220	116	74	0
110	296	162	0
合计	447	236	0

根据重要输电线路通道巡视定级，确定区段的巡视周期、巡视方式及巡视重点，并结合电网风险预警线路、重大节日或活动保电线路以及季节性特点，制订线路月度、周巡视、检测计划，实现由以"线"为单位转向以"区段"为单位的线路差异化立体防护巡视模式（见表2-3）。

表2-3 差异化运维划分表

线路类别	可视化覆盖区段		可视化未覆盖区段
	可视化巡视	专业巡视、护线巡视	专业巡视、护线巡视
Ⅰ级区段	轮巡周期不超过6小时1次；告警信息即时复核	护线巡视1天1次；专业巡视2月1次	护线巡视1天2次；专业巡视1月1次
Ⅱ级区段		护线巡视半月1次；专业巡视2月1次	护线巡视1周1次；专业巡视1月1次
Ⅲ级区段		护线巡视1月1次；专业巡视3月1次（护线员未覆盖，2月1次）	护线巡视2周1次；专业巡视2月1次（护线员未覆盖，1月1次）
Ⅳ级区段		专业巡视6月1次	护线巡视1月1次；专业巡视3月1次（护线员未覆盖，2月1次）

（3）滚动开展巡视、检修差异化定级。在输电设备综合状态评价结果基础上，确定线路巡视、检修定级，开展设备差异化运维定级，完善巡视周期、优化运检策略、评估差异化运维成效，有重点、有计划、有措施地开展线路差异化运维工作，建立输电线路差异化工作机制。其中巡视级别还需结合电网风险预警、重大活动保电、专项排查以及天气变化进行滚动修订，检修定级则根据"三跨"隐患整治、家族性缺陷整治等专项工作滚动更改。

以220kV ××4467线为例，跟踪记录其运行状态。该线路从500kV A变电站至220kV B变电站，塔基总数为34基，其中双回耐张塔13基，双回路直线塔21基，线路投运于2008年12月8日，途经某市区，地处农村平原地带，线路长度为10.892km且均为架空线路，全线架设两根地线（一根为普通地线、另一根为复合地线OPGW光缆）作为防雷保护措施。通过人工巡视、立体巡检技术等不同方式收集线路运行基本信息，根据不同时间对隐患、缺陷及危险点进行数据梳理，2008～2018年，220kV ××4467线输电线路设备缺陷总数为51项，发现隐患25次。其中，机械外破23次、异物2次，主要发生在9～20号区段引起设备运行状况扣分，另6～8、16～17号为"三跨"区段引起线路重要性扣分，经线路综合状态评价确定6～8、16～17号为Ⅰ级区段，9～16、17～20号区段为Ⅲ级区段，其他区段为Ⅳ级区段，无Ⅱ级区段。

（4）制订差异化巡视策略，加强重点线路或区段运维。根据巡视定级结果，确定线路或者区段的巡视周期，并结合电网风险预警线路、重大节日或活动保电线路以及季节性特点，制订线路月度、周巡视、检测计划，对施工危险点、"三跨"区段、风险预警线路、保供电线路等有重点、有计划、有措施地加强线路巡视、检测，初步实现由以"线"为单位转向以"点或区段"为单位的线路差异化巡视，即把有限的巡视资源对Ⅰ、Ⅱ、Ⅲ级线路或区段进行重点巡视，对Ⅳ级线路进行延长周期巡视，减少一般区段的重复巡视工作，提高重要区段的巡检频次，及时发现处置设备及通道隐患，提高巡视作业效率。

（5）制订差异化检修策略，落实"六防"反事故措施。根据差异化检修定级结果，嘉兴公司结合重点工作制订并滚动修订输电线路综合检修六年计划、输电线路"三跨"隐患整治五年计划、老旧复合绝缘子及地线三年整治计划、输电线路差异化防雷三年计划等多个差异化检修策略，提前谋划、统筹管理，综合各类计划储备上报大修、技改项目实施，落实架空线路及电缆"六防"反事故措施，有序开展线路隐患整治，实现项目精准投资，避免重复停电，减少现场检修安全风险，提升线路本质安全。

2.2 优化运检设备资源配置

根据实际运维需求，分析各巡检业务开展现状，梳理现有巡检方式中的优劣势（见表2-4）。融合巡检数据与业务信息，界定各巡检方式功能，明确无人机巡视周期、可视化微拍巡视周期，通过集中监控痕迹化管理，确定机器替代人工作原则，避免机巡与人巡的工作任务量叠加，提高智能化巡检水平。

表2-4　　　　　巡检方式现状分析

序号	巡检方式	优势分析	劣势分析
1	直升机巡检	巡检质效高、不受地域影响；可执行多任务载荷、精细巡检作业	起降场地要求苛刻，成本高，要求技能水平高，需专人开展
2	无人机巡检	受地形限制小、塔头巡检效果好、操作简单、巡检效率高；可执行多任务载荷、精细巡检作业	精细化巡检质效与作业人员操作熟练程度相关，智能化水平有待提高
3	人工巡检	携带望远镜、测距仪等设备在地面或登塔开展巡视检查，技术成熟	作业携带设备多，劳动强度高，巡检效率较低
4	机器人巡检	远距离巡检，精细化程度高；可执行多任务载荷、精细巡检作业	杆塔需技术改造，重要通道机器人巡检还需探索
5	在线监测巡检	远距离巡检，监测类型多点多样；可监测设备本体及通道运行情况	视频设备布置点多面广，易出现监控盲区

在巡检业务层，明确直升机、无人机、人工巡检等业务界面与工作内容。① 在使用直升机开展常规巡检、通道专项特巡的同时，利用无人机巡检弥补其成本高、空域申请难等不足，在巡检范围、内容和频次上与直升机巡检形成有效协同。② 利用无人机巡视质量高的特点，重点检查杆塔横担及以上部分输电设备，人工利用携带的巡检设备重点巡视横担以下输电设备及通道运行情况，同时集中监控人员通过管控应用群开展远距离巡视，解决作业现场无法实时监测设备运行的问题，构建架空输电线路"空天地"立体防护体系。③ 推进无人机平台深度应用，目前嘉兴公司共配置无人机163架，实现50岁以下一线班组取证人员全覆盖，完成5座无人机机巢平台接入和实飞工作实现220kV及以上输电线

路自主巡检航线全覆盖，自主开展精细化与红外航线激光点云扫描、航线规划与平台实飞的全业务自主实施。④ 设备主人常态化开展重要线路、重要通道、重要交跨、电缆终端巡视，检修前精细化巡检和无人机踏勘，检修中无人机监护，检修后无人机验收工作模式，实现设备缺陷等状态信息精准掌控，提升巡视、检修验收工作质量和效率。

2.2.1 手动精细化巡检

（1）准备阶段。

1）作业前准备。作业人员在作业前需要根据已有的线路台账资料制定出工作相关的任务表格并导入无人机巡检管控平台。作业前应编制无人机精细化巡检作业工作任务单。然后由工作班成员填写设备领取申请表，领取本次无人机精细化巡检所用无人机及电池和其他设备。工作负责人在出发前应当检查领取的设备是否齐全，并对所有设备进行详细检查，确保设备完好可用，如若设备有问题无法正常使用，应到仓库管理员处登记并进行更换。到达现场后应使用风速仪，测得当地实际风速，若风速小于10.7m/s才可以起飞。无人机起飞前应进行作业清场，相关作业人员距离飞行器起飞点5m以外。

2）人员标准。作业人员应熟悉 Q/GDW 1799.2—2013《国家电网公司电力安全工作规程　线路部分》和《架空输电线路无人机巡检作业安全工作规程》，并经考核合格。工作人员着装符合安规要求，精神状态良好。操作无人机的工作人员应持有中国民用航空局颁发的无人机驾驶执照。

3）工器具及材料（见表2-5）。

表2-5　　　　　　　工器具及材料明细

序号	名称	单位	数量	备注
1	无人机	台	1	根据作业类型领用
2	手机终端PDA	台	1	
3	电池	块	—	根据实际按需领用
4	风速计	台	1	
5	湿度计	台	1	
6	1m×1m垫子	块	1	

4）危险点及控制措施。

a. 无人机装车后应安装固定卡扣，确保在运输过程中有柔性保护装置，设备不跑位，固定牢靠。在徒步运输过程中保证飞行器的运输舒适性，设备固定牢靠，设备运输装置有防摔、防潮、防水、耐高温等特性。

b. 作业人员应在无人机起飞、降落区域装设围栏，对过往行人、机动车等进行提醒，防止碰撞无人机。

c. 飞行前作业人员应认真对飞行器机体进行检查，确认各部件无损坏、松动。

d. 作业人员应严格按照无人机操作规程进行操作，两名操作人员应互为监督，飞机起降时，15m 范围内严禁站作业无关人员。

e. 无人机需按规划好的航线飞行，无人机与作业目标保持一定的安全距离。

f. 作业人员在开展飞行前检查时应对各种失控保护进行检验，确保因通信中断等各种原因引起的飞机的无人机失控时保护有效，在飞机数传中断后就记录时间。

g. 工作负责人应时刻注决观察风向、风速、湿度变化，对风向、风速、雨雪情况作出分析并预警。

h. 在冬天进行无人机巡检时应注意给电池保温，作业前应热机。

i. 工作负责人在作业前应对作业人员进行情绪检查，确保无负面情绪。

5）其他注意事项。现场人员必须戴好安全帽，穿工作服，在飞行前 8h 不得饮酒。作业人员严禁在各类禁飞区飞行（机场、军事区）。严禁直接徒手接机起飞、降落。对于 220kV 及以下电压等级线路，飞行器应与带电体保持 3m 以上安全距离。对于 500kV 电压等级线路，飞行器应与带电体保持 5m 以上安全距离。对于远距离超视距作业，严格按照先上升至安全高度，然后下降高度靠近作业目标的作业方法。对于电池电量要做好严格控制，防止因电量不足导致的无人机坠毁。对于近距离作业（小于 200m），最低返程电量为 30%。对于中距离作业（大于 200m，小于 1000m），最低返程电量为 40%。对于远距离作业（大于 1000m，小于 2000m），超出目前机型图传距离。

（2）作业阶段。

1）作业开始阶段。精细化飞行工作前，工作负责人应对工具材料进行清点，确保齐全后在工作任务单签字，并履行开工手续。

2）作业执行阶段（见表 2-6）。

表 2-6　　　　　作 业 执 行 事 项

序号	执行事项
1	选择起飞点，确保起飞点地面平整，下方无大型钢结构和其他强磁干扰，周围半径 15m 无人，上方空间足够开阔
2	铺好防尘垫，保持垫子平整
3	正确组装螺旋桨，注意螺旋桨上的桨顺序，切勿混桨使用，必须成套成对使用更换，确保桨叶无破损、无裂纹
4	正确拆除云台锁扣、镜头盖，确保相机镜头清洁无污渍
5	正确安装智能飞行电池，确保触点清洁、电池电量充足、无鼓包
6	正确安装 SD 卡，确保安装正确
7	正确安装智能平板手机终端并用数据线连接到遥控器

续表

序号	执行事项
8	检查遥控器开关，将飞控切换到智能模式（P 档），左右摇杆均归于中间
9	正确供电开机，确保依次打开遥控器供电，无人机供电
10	检查遥控器与无人机电池电量，确保电量可满足飞行任务
11	打开智能平板手机终端 App
12	确认照片存储格式为 JPEG，照片比例为 4:3
13	检查指南针是否正常（指示灯：正常绿灯慢闪，不正常红黄交替），较远地区需校准指南针
14	检查 SD 卡正确可用，且容量满足需求
15	操作手测试云台是否能正常运转，按动快门查检是否能正常拍照，确保相机画面清晰可见
16	确保遥控器数传、图传稳定安全
17	确保 GPS 星数为 12 颗以上
18	准备起飞，确保操作人员距离无人机 5m 以外，使飞机平稳飞离地面约 5m 高度悬停，检查无人机飞行姿态是否正确
19	测量起飞点的海拔，对比任务规划的起飞点海拔，适当调整航高
20	根据杆塔 GPS 坐标一键导航至作业杆塔上方
21	操作手将无人机下降至杆塔上方 10m 以上开始悬停，对作业目标进行准确拍摄，并记录拍摄的杆塔部位，（如 A 相绝缘子、面向大号侧左边）
22	无人机在杆塔顶部悬停，网格中心对准杆塔中心，对杆塔整体和拉线进行拍摄
23	调整机头方向与线路垂直，保证机体与导线的安全距离（3～5m），云台角度 30°～45°对绝缘子进行拍摄
24	拍摄完杆塔一侧后，就从杆塔上方进行换侧，再一次进行上述拍摄程序
25	负责人详细填写飞行记录表
26	无人机返回降落应确保周围 15m 内无除作业人员外其他人员
27	降落至 30m 高时点一键返航或手动拉回无人机
28	缓慢降低下降速度，平缓降落地面垫子上
29	依次关闭无人机供电、遥控器供电
30	取下电池，拆下无人机桨叶，正确扣好云台锁扣、镜头盖，装箱

（3）完工阶段。

1）清理精细化飞行作业现场，仔细检查是否有遗留物。

2）精细化飞行工作结束后进行作业总结。

（4）不同塔型拍摄内容及方式。

1）直线塔型。无人机需要悬停在线路正上方 10m 以上及线路两侧横担 5m 以外进行拍摄，包括导、地线、金具、绝缘子及其他附属装置（避雷器、避雷针）等，具体拍摄内容、数量及方式见表 2-7。

表 2-7　　　　直线塔型精细化飞行拍摄内容、数量及方式

编号	拍摄内容	数量（张）	拍摄方式
1	铁塔顶面	1	悬停于杆塔顶 10m 以上，拍俯视照片
2	线路通道	—	拍摄顺序从大号侧到小号侧，对于单回路，从左到右；对于双回路，从上到下
3	导、地线及挂点	2	每根导地线不少于 1 张，垂直线路拍摄，视野覆盖地线挂点两侧（包含防振锤），确保插销清楚
4	绝缘子及连接金具	大于 3/相	每相绝缘子最少 1 张以上，云台角度 45°左右为宜，时间充足可拍多张。每相绝缘子上下挂点及金具最少 1 张（包含均压环）

a. 对于单回直线塔，猫头塔中相导线在顺线路方向拍摄，两边线在垂直线路方向拍摄。

b. 对于双回直线塔，主要是中相拍摄差别，拍摄数量上增加三相导线。

2）耐张塔型。总体上与直线塔型拍摄相似，具体拍摄内容、数量及方式见表 2-8。

表 2-8　　　　耐张塔型精细化飞行拍摄内容、数量及方式

编号	拍摄内容	数量（张）	拍摄方式
1	铁塔顶面	1	悬停于杆塔顶 10m 以上，拍俯视照片
2	线路通道	—	拍摄顺序从大号侧到小号侧，对于单回路，从左到右；对于双回路，从上到下
3	地线挂点	2	每根导地线不少于 1 张，垂直线路拍摄，视野覆盖地线挂点两侧（包含防振锤），确保插销清楚
4	耐张串及金具	6/相	每相整体耐张绝缘子串最少 1 张。每相耐张绝缘子串前后挂点及金具各 1 张，视野覆盖挂点、金具、压接管、均压环（垂直线路方向拍摄）
5	跳线	1/相	每相跳线 1 张，视野覆盖整个跳线（垂直线路方向拍摄）
6	跳线串及金具	3/相	每相跳线绝缘子最少 1 张。每相绝缘子串上下挂点及金具最少 1 张（包含均压环）（垂直线路方向拍摄）

a. 对于单回耐张塔，拍完一侧后越过线路上方到线路另一侧进行拍摄，若时间等条件允许可拍摄更多角度的照片。

b. 对于双回耐张塔，主要是中相拍摄差别，拍摄数量上增加三相导线。

（5）飞行总结。

1）飞行评价。

2）存在问题及处理意见。

（6）数据处理。

1）导出内存卡内拍摄的照片，并将所有照片按杆塔号进行编号归档。

2）将图片导入缺陷分析软件并将相关缺陷进行标注。

3）打印本次无人机精细化飞行作业的相关任务报告并归档。

2.2.2 通道巡检

（1）现场勘查。

1）应制订无人机巡检计划，确认巡检作业任务。

2）勘查内容应包括地形地貌、气象环境、空域条件、线路走向、通道长度、杆塔坐标、高度、塔形及其他危险点等。无人机危险点及控制措施见表2-9。

表2-9　　　　　　无人机危险点及控制措施

序号	危险点分析	控制措施
1	气象条件限制	（1）在合适气象条件，风速小于5级。 （2）遇雨雪飞天气，禁止飞行
2	无人机坠落	（1）航线规划时认真复核地形、交跨、线路两侧的突出建筑物，满足无人机动力爬升要求。 （2）严格航前检查，机体各机械部件确认完好，各电池状态完好，油动型固定翼无人机的油箱密闭情况良好。 （3）操控人员持证上岗。 （4）GPS信号接收良好。 （5）根据现场风向、风速等情况，及时调整起飞方向，降落伞开点，必要时选择手动开伞降落。 （6）根据地面站软件实时监测电压状态
3	无人机触碰线路本体	（1）严禁在杆塔正上方飞行，应位于被巡线路的侧上方飞行。 （2）飞行高度要求：距杆塔顶面的垂直距离大于100m
4	其他	（1）无人机操作应由专业人员担任。无人机操纵人员需经过培训和考核合格并经公司主管领导批准。 （2）飞行操作现场必须设立相关安全警示标注。严禁无关人员参观及逗留。 （3）现场监护人对操作人员及无人机飞行状态进行认真监护，及时制止并纠正不安全的行为

3）根据现场地形条件合理选择和布置起降点。

4）填写《无人机通道巡检作业现场勘察记录》。

（2）航线规划。

1）作业前应根据实际需要，向线路所在区域的空管部门履行空域审批手续。

2）巡检人员根据详细收集的线路坐标、杆塔高度、塔形、通道长度等技术参数，下载、更新巡检区域地图，结合现场勘查所采集的资料，针对巡检内容合理制定飞行计划，确定巡检区域、起降位置、方式及安全策略，并对飞行作业中需规避的区域进行标注。

3）航线规划应避开军事禁区、空中危险区域，远离人口稠密区、重要建筑和设施、通讯阻隔区、无线电干扰区、大风或切变风多发区，尽量避免沿高速公路和铁路飞行。

4）应根据巡检线路的杆塔坐标、塔高等技术参数，结合线路途经区域地图和现场勘查情况绘制航线，制订巡检方式、起降位置及安全策略。

5）首次飞行的航线应适当增加净空距离，确保安全后方可按照正常巡检距离。

6）线路转角角度较大，宜采用内切过弯的飞行模式；相邻杆塔高程相差较大时，宜采取直线逐渐爬升或盘旋爬升的方式飞行，不应急速升降。

7）进行相同作业时，应在保障安全的前提下，优先调用历史航线。

（3）现场作业。

1）巡检设备领用。应根据不同的作业任务领取相应的无人机巡检系统，填写出入库单，并对所有设备进行检查确认状态良好。

2）工器具准备。

a. 巡检单位应在作业前准备好现场作业工器具以及备品备件等物资，完成无人机巡检系统检查，确保各部件工作正常，领取使用含有无人机机身险及第三者责任险的无人机系统，杜绝使用无保险的无人机系统，提前安排好车辆。

b. 出发前，工作负责人应仔细核对所需电量是否充足，各零部件、工器具及保障设备是否携带齐全，检查无误并签名确认后方可前往作业现场。

3）无人机巡检作业前工作负责人应对工作单所列安全措施和工作任务进行交底，使工作组全体人员明确作业内容工作危险点、预控措施及技术措施，操作人员须熟知作业内容和作业步骤。

4）巡检作业现场所有人员均应正确佩戴安全帽和穿戴个人防护用品，现场使用的安全工器具和防护用品应合格并符合有关要求。

5）全体工作班成员明确工作任务、安全措施、技术措施和危险点后履行确认手续，方可开始工作。

（4）起飞前准备。

1）无人机操作员观察作业区域周围地理环境、电磁环境和现场天气情况（雨水、风速、风向、雾霾等）是否达到安全飞行要求；现场负责人按照民航和空军相关管理规定，起飞前（一般为1h内）向当地航管部门报送飞行计划，并获得许可。

2）核查本次作业任务及飞行计划，地面站操作员导入飞行航迹。

3）基站架设应选在无高压线、视野开阔地方，并采用油漆或者钉子标记。

4）在选定的起降场地，展开固定翼无人机巡检系统。

5）地面站准备。摆放地面站硬件至固定位置，启动地面站电源，使地面站开始进行定位。如地面站需要外挂电池进行工作，那么此时即应该使用外置电源线连接外挂电池进行工作。注意地面站需放置在稳定、不易被扰动的位置，架设高度尽量高于2m，并距离大的金属反射面（如汽车、铁皮房等）10m以上。

6）飞机的组装。打开飞机箱体，组装好飞机。组装完成后，进行飞机机械结构检查。确认飞机结构无问题；电机座、桨叶无松动。

7）安装电池。安装飞机所需的电池（主电源/前拉动力电池、悬停动力电池）。适当

调整电池位置，确认两根扎带将电池固定紧固，并确定飞机的重心正确。（位于机翼顶部舱盖的前缘往后 3cm 附近）

8）作业人员逐项开展设备、系统自检、航线核查，确保无人机处于适航状态，并填写《无人机作业安全检查工作单》。

（5）起飞。

1）现场负责人确认现场人员撤离至安全范围后，地勤人员启动发动机，并检查无人机系统工作状态。

2）执行起飞。现场负责人确认无人机系统状态正常后，下达起飞命名，机长操控无人机起飞。

3）进入巡航阶段。当飞机按预定计划飞行，离开本场上空，进入作业航线开始巡航后，飞行操控手可以关闭遥控器。

4）起飞后进行试飞，地面站操作员应始终注意监控地面站，并密切观察无人机飞行状况，包括飞行巡检过程中无人机发动机或电机转速、电池电压、航向、飞行姿态等遥测参数、数据链情况。无人机操作员应注意观察无人机实际飞行状态，必要时进行人工干预，并协助观察图传信息、记录观测数据。综合评估飞行状态，异常情况下应及时响应，合理做出决策，必要时采取返航、迫降等中止飞行措施，并做好飞行的异常情况记录。

（6）返航降落。

1）提前做好降落场地清理工作，确保其满足降落条件。降落时，人员与无人机应保持足够的安全距离。

2）无人机降落前，无人机操作人员应根据风速、风向确定降落方向。

3）降落期间，地面站操作员应时刻监控回传数据，及时通报无人机飞行高度、速度和电压等技术参数；地面站操作员应密切关注无人机飞行姿态，做好突然和紧急情况下应急准备。

（7）飞行后检查及撤收。

1）作业结束后，及时向空管部门汇报，履行工作终结手续。

2）降落后，检查无人机及机载设备是否正常，恢复储运状态并填写无人机现场作业记录表。

3）作业人员从巡检设备中导出原始采集数据，初步检查是否合格，若不满足巡线作业要求，需根据实际情况确定是否复飞。

4）人员撤离前，应清理现场，核对设备和工器具清单，确认现场无遗漏。

2.2.3 自主精细化巡检

（1）作业前准备。

1）明确工作任务。作业前，作业人员应明确巡检任务内容、任务区段、作业时间等，确认作业范围地形地貌、交叉跨越情况、气象条件、许可空域、现场环境以及无人机巡检系统状态等满足安全作业要求。

作业人员应明确无人机自主精细化巡检作业流程，掌握无人机自主巡检总体架构，并根据巡检线路情况合理制定巡检计划。

2）航线规划。根据任务要求，将高精度的输电线路三维激光点云数据和线路坐标导入航线规划系统，航线规划系统会根据无人机飞行能力、作业特点、飞行安全、作业效率、起降条件、相机焦距、安全距离、巡查部件大小、云台角度、机头朝向等信息进行航线规划，生成高精度地理坐标的三维航线。航线规划完成后需经作业人员检查通过后，方可执行。

3）空域申请。

a. 无人机巡检作业应严格按国家相关政策法规、当地民航军管等要求规范化使用空域。

b. 工作任务签发前应确认飞行作业区域是否处于空中管制区；未经空中交通管制批准，不得在管制空域内飞行。

c. 作业执行单位应根据无人机巡检作业计划，按相关要求办理空域审批手续，并密切跟踪当地空域变化情况。

d. 实际飞行巡检范围不应超过批复的空域。

4）设备准备。

a. 巡检设备领用。应根据不同的作业任务领取相应的无人机巡检系统，填写出入库单，并对所有设备进行检查确认状态良好。

b. 工器具准备。① 巡检单位应在作业前准备好现场作业工器具以及备品备件等物资，完成无人机巡检系统检查，确保各部件工作正常，领取使用含有无人机机身险及第三者责任险的无人机系统，杜绝使用无保险的无人机系统，提前安排好车辆。② 出发前，工作负责人应仔细核对所需电量是否充足，各零部件、工器具及保障设备是否携带齐全，检查无误并签名确认后方可前往作业现场。

（2）现场作业。

1）工作任务交底。

a. 无人机巡检作业前工作负责人应对工作单所列安全措施和工作任务进行交底，使工作组全体人员明确作业内容工作危险点、预控措施及技术措施，操作人员须熟知作业内容和作业步骤。

b. 巡检作业现场所有人员均应正确佩戴安全帽和穿戴个人防护用品，现场使用的安全工器具和防护用品应合格并符合有关要求。

c. 全体工作班成员明确工作任务、安全措施、技术措施和危险点后履行确认手续，方可开始工作。

2）现场环境检查。人员到达作业现场后首先判断作业现场环境是否符合作业需求，如遇雨、雪、大风（风力大于 5 级）天气禁止飞行。其具体步骤如下：

a. 使用测频仪检查起降点四周是否存在同频率信号干扰。

b. 使用风速仪检查风速是否超过限值。

c. 使用气温仪对环境气温进行检测，气温范围不得超过无人机说明书中规定的温度范围。

3）填写工作单。作业前，需填写架空输电线路无人机巡检作业工作单。工作单的使用应满足下列要求：

a. 一张工作单只能使用一种型号的无人机巡检系统。使用不同型号的无人机巡检系统进行作业，应分别填写工作单。

b. 一个工作负责人不能同时执行多张工作单。在巡检作业工作期间，工作单应始终保留在工作负责人手中。

c. 对多个巡检飞行架次，但作业类型相同的连续工作，可共用一张工作单。

4）起飞前准备。

a. 起飞点选择。根据杆塔所处的地形地貌，选择适宜的起降点。起降点与被巡检杆塔间宜保持通视且直线距离不大于 500m。操作人员应与起降点保持足够的安全距离。

b. 设置围栏和功能区。在起飞点设置安全围栏和功能区。功能区包括地面站操作区，无人机起飞降落区，工器具摆放区等，各功能区应有明显区分。将无人机巡检系统从机箱中取出，放置在各对应的功能区，起飞区域内禁止行人和其他无关人员逗留。

c. 组装无人机。严格按照无人机说明书要求组装无人机，确保每个部件连接可靠，转动部件灵活可靠。不允许电池正负极错接，接触应保证良好。

d. 导入三维航线。将三维航线导入无人机自动驾驶系统，并进行模拟飞行安全检查。

e. 飞机状态检查。① 开启遥控器电源，接通主控电源，操控手拨动遥控器模式开关检查飞行模式（手动、增稳和 GPS 模式，视飞机型号为准）切换是否正常，检查完成后接通动力电源。② 待遥控器与飞机完成匹配后，按地面站提示依次检查电池电量、卫星颗数、磁力计、气压计、返航点、返航高度等。③ 对任务载荷进行检查，操纵云台查看姿态是否正常，图像拍摄、传输情况是否正常。④ 依据无人机飞前检查单做好检查，履行签字确认手续。

（3）巡检作业。

1）无人机起飞。

a. 应确认当地气象条件是否满足所用无人机巡检系统起飞、飞行和降落的技术指标要求；掌握航线所经地区气象条件，判断是否对无人机巡检系统的安全飞行构成威胁。若不满足要求或存在较大安全风险，工作负责人可根据情况间断工作、临时中断工作或终结本次工作。

b. 每次起飞前，应对无人机巡检系统的动力系统、导航定位系统、飞控系统、通信链路、任务系统等进行检查。当发现任一系统出现不适航状态，应认真排查原因、修复，确认机体无异常、遥控界面的上行、下行数据无异常，安全可靠后方可起飞。

2）巡检飞行。

a. 在无人机自主飞行全过程中，操作人员应密切关注遥测参数，随时了解无人机在空中的状态，综合评估无人机所处的气象和电磁环境，一旦遇到险情应及时规避，必要时工作负责人有权紧急中止飞行巡检任务。并在飞行作业完成后将所有异常情况记录并报告上级。

b. 在无人机自主飞行全过程中，操作人员应负责通过任务载荷随时观察无人机周边的地形环境和障碍物情况。发现障碍物与飞机有靠近或触碰危险时应及时避让。

3）注意事项。

a. 现场作业应听从工作负责人的安排，保持作业小组巡检高效有序。

b. 巡检应时刻保持无人机与线路、杆塔、树木、房屋等障碍物间的安全距离。

c. 巡检任务严格按照工作票计划安排执行，不得在工作任务外的线路、杆塔上进行飞行。

d. 巡检过程中应时刻注意电池电量，应保持足够的返航电量。

e. 如突遇到大风、大雨、大雾、冰雹等恶劣天气情况，应及时将无人机降落至安全位置。

（4）异常情况处置。

1）无人机巡检系统在空中飞行时发生故障或遇紧急意外情况等，应尽可能控制无人机巡检系统在安全区域紧急降落。

2）无人机巡检系统飞行时，若通讯链路长时间中断，且在预计时间内仍未返航，应根据掌握的无人机巡检系统最后地理坐标位置或机载追踪器发送的报文等信息及时寻找。

3）巡检作业区域出现雷雨、大风等可能影响作业的突变天气时，应及时评估巡检作业安全性，在确保安全后方可继续执行巡检作业，否则应采取措施控制无人机巡检系统避让、返航或就近降落。

4）巡检作业区域出现其他飞行器或飘浮物时，应立即评估巡检作业安全性，在确保安全后方可继续执行巡检作业，否则应采取避让措施。

5）无人机巡检系统飞行过程中，若班组成员身体出现不适或受其他干扰影响作业，应迅速采取措施保证无人机巡检系统安全，情况紧急时，可立即控制无人机巡检系统返航或就近降落。

6）巡检作业时，如无人机发送坠机事故，应立即上报并妥善处理无人机残骸以防止次生灾害发生（飞行器残骸务必寻找到并带回报修处理）。

7）无人机巡检系统发生坠机等故障或事故时，应妥善处理次生灾害并立即上报，及时进行民事协调，做好舆情监控。

8）无人机设备异常（包括通信中断）或失控导致坠落，应做好事故分析报修处理并走保险赔保流程。无人机因临时故障无法完成任务时，则应更换备用飞机，以保证巡检任务的正常进行。

（5）作业内容。

1）巡视内容。采用无人机对杆塔重点检测部位进行拍摄提取图像数据进行缺陷分析。

a. 巡检主要对输电线路杆塔、导地线、绝缘子串、金具、通道环境、基础、接地装置、附属设施等进行检查；巡检时根据线路运行情况和检查要求，选择性搭载相应的检测设备进行可见光巡检、红外巡检项目。巡检项目可以单独进行，也可以根据需要组合进行（见表2-10）。

b. 可见光巡检主要检查内容：导线、地线（光缆）、绝缘子、金具、杆塔、基础、附属设施、通道走廊等外部可见异常情况和缺陷。

c. 红外巡检主要检查内容：导线接续管、耐张管、跳线线夹及绝缘子等相关发热异常情况。

表2-10　　　　　　　　　　巡视内容和巡检项目

分类	设备	可见光检测	红外线检测
线路本体	导、地线	散股、断股、损伤、断线、放电烧伤、悬挂漂浮物、弧垂过大或过小、严重锈蚀、有电晕现象、导线缠绕（混线）、覆冰、舞动、风偏过大、对交叉跨越物距离不足等	发热点、放电点
	杆塔	杆塔倾斜、塔材弯曲、地线支架变形、塔材丢失、螺栓丢失、严重锈蚀、脚钉缺失、爬梯变形、土埋塔脚等	—
	金具	线夹断裂、裂纹、磨损、销钉脱落或严重锈蚀；均压环、屏蔽环烧伤、螺栓松动；防振锤跑位、脱落、严重锈蚀、阻尼线变形、烧伤；间隔棒松脱、变形或离位；各种连板、连接环、调整板损伤、裂纹等	连接点、放电点发热
	绝缘子	绝缘子自爆、伞裙破损、严重污秽、有放电痕迹、弹簧销缺损、钢帽裂纹、断裂、钢脚严重锈蚀或蚀损等	击穿发热
	其他	设备损坏情况	发热点
附属设施	防鸟、防雷等装置	破损、变形、松脱等	—
	各种监测装置	缺失、损坏等	—
	光缆	损坏、断裂、驰度变化等	—
线路通道情况		植被生长情况、违章建筑、地质灾害等	山火火源点

2）巡视步骤。输电线路无人机巡检现场作业人员应严格按照《架空输电线路无人机巡检作业安全规程》等标准的要求，明确巡检方法和巡检内容，认真开展巡检作业。最新精细化巡检规范见《国家电网公司架空输电线路无人机巡检影像拍摄指导手册完整版》，几个常见塔型巡检部位如下：

a. 交流单回直线塔（见图2-7，表2-11）。

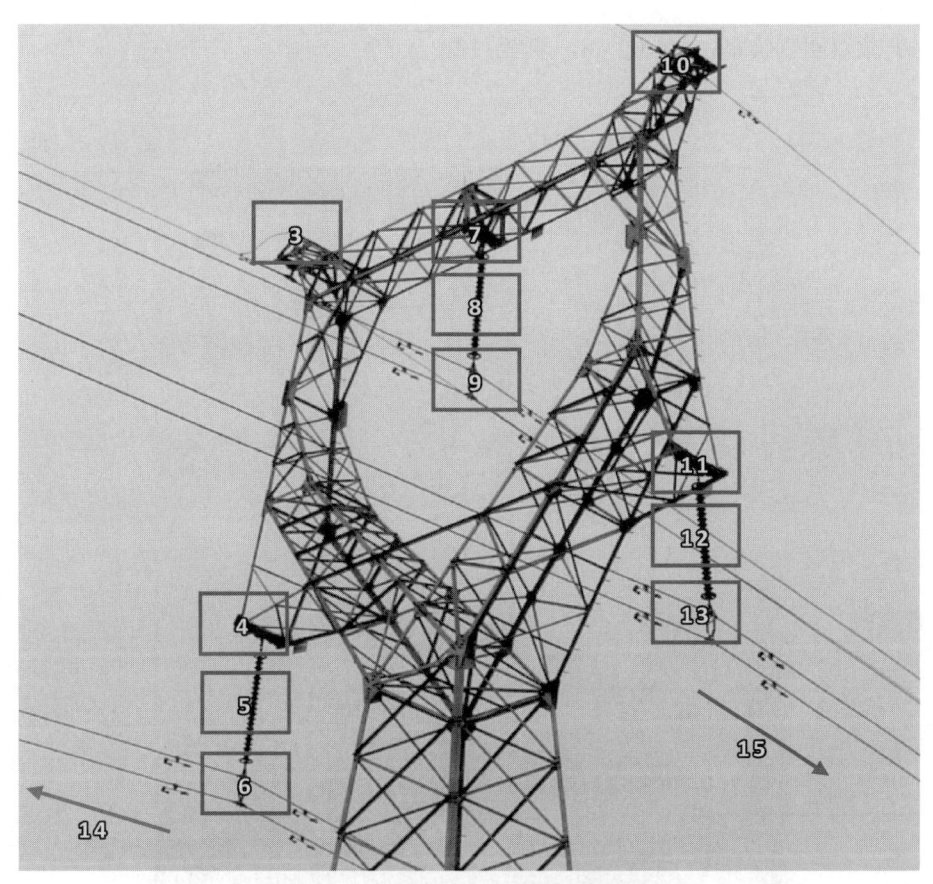

图 2-7 交流单回直线塔巡检部位

表 2-11　　　　　　　交流单回直线塔巡检项目名称及拍摄照片数量

编号	项目名称	照片数量（张）
1	全塔/塔头	1
2	基础全貌	1
3	左侧地线挂点	1
4	左相绝缘子杆塔挂点	1
5	左相绝缘子串	1
6	左相绝缘子导线挂点	2
7	中相绝缘子杆塔挂点	1
8	中相绝缘子串	1
9	中相绝缘子导线挂点	2
10	右侧地线挂点	1
11	右相绝缘子杆塔挂点	1
12	右相绝缘子串	1
13	右相绝缘子导线挂点	2
14	大号侧通道（下横担以下）	1
15	小号侧通道（下横担以下）	1

b. 交流双回直线塔（见图 2-8，表 2-12）

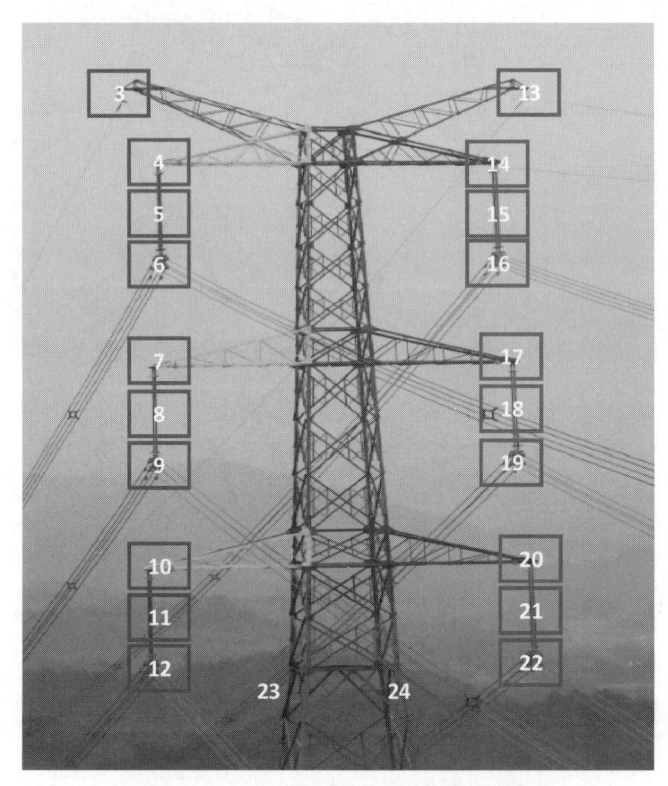

图 2-8 交流双回直线塔巡检部位

表 2-12　　　　交流双回直线塔巡检项目名称及拍摄照片数量

编号	项目名称	照片数量（张）
1	全塔/塔头	1
2	基础全貌	1
3	左侧地线挂点	1
4	左回路上相绝缘子杆塔挂点	1
5	左回路上相绝缘子串	1
6	左回路上相绝缘子导线挂点	2
7	左回路中相绝缘子杆塔挂点	1
8	左回路中相绝缘子串	1
9	左回路中相绝缘子导线挂点	2
10	左回路下相绝缘子杆塔挂点	1

续表

编号	项目名称	照片数量（张）
11	左回路下相绝缘子串	1
12	左回路下相绝缘子导线挂点	2
13	右侧地线挂点	1
14	右回路上相绝缘子杆塔挂点	1
15	右回路上相绝缘子串	1
16	右回路上相绝缘子导线挂点	2
17	右回路中相绝缘子杆塔挂点	1
18	右回路中相绝缘子串	1
19	右回路中相绝缘子导线挂点	2
20	右回路下相绝缘子杆塔挂点	1
21	右回路下相绝缘子串	1
22	右回路下相绝缘子导线挂点	2
23	大号侧通道（下横担以下）	1
24	小号侧通道（下横担以下）	1

c. 交流单回耐张塔（见图 2-9，表 2-13）。

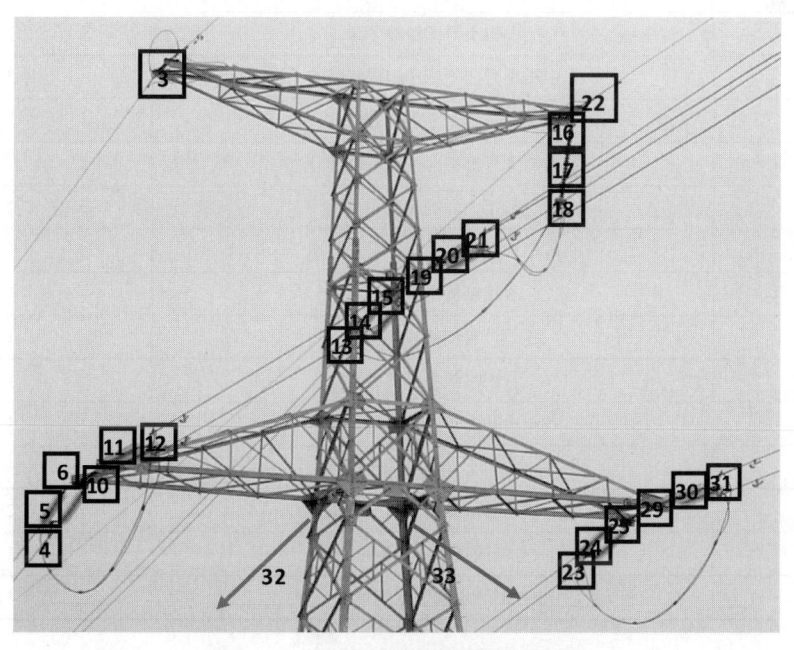

图 2-9　交流单回耐张塔巡检部位

表2-13 交流单回耐张塔巡检项目名称及拍摄照片数量

编号	项目名称	照片数量（张）
1	全塔/塔头	1
2	基础全貌	1
3	左侧地线（大小号侧各一张）	2
4	左相大号侧绝缘子串导线挂点	2
5	左相大号侧绝缘子串	1
6	左相大号侧绝缘子串杆塔挂点	1
7	左相跳线串杆塔挂点	1
8	左相跳线串	1
9	左相跳线串导线挂点	2
10	左相小号侧绝缘子串杆塔挂点	1
11	左相小号侧绝缘子串	1
12	左相小号侧绝缘子串导线挂点	2
13	中相大号侧绝缘子串导线挂点	2
14	中相大号侧绝缘子串	1
15	中相大号侧绝缘子串杆塔挂点	1
16	中相跳线串杆塔挂点	1
17	中相跳线串	1
18	中相跳线串导线挂点	2
19	中相小号侧绝缘子串杆塔挂点	1
20	中相小号侧绝缘子串	1
21	中相小号侧绝缘子串导线挂点	2
22	右侧地线（大小号侧各一张）	2
23	右相大号侧绝缘子串导线挂点	2
24	右相大号侧绝缘子串	1
25	右相大号侧绝缘子串杆塔挂点	1
26	右相跳线串杆塔挂点	1
27	右相跳线串	1
28	右相跳线串导线挂点	1
29	右相小号侧绝缘子串杆塔挂点	1
30	右相小号侧绝缘子串	1
31	右相小号侧绝缘子串导线挂点	2
32	大号侧通道（下横担以下）	1
33	小号侧通道（下横担以下）	1

d. 交流双回耐张塔（见图2-10，表2-14）。

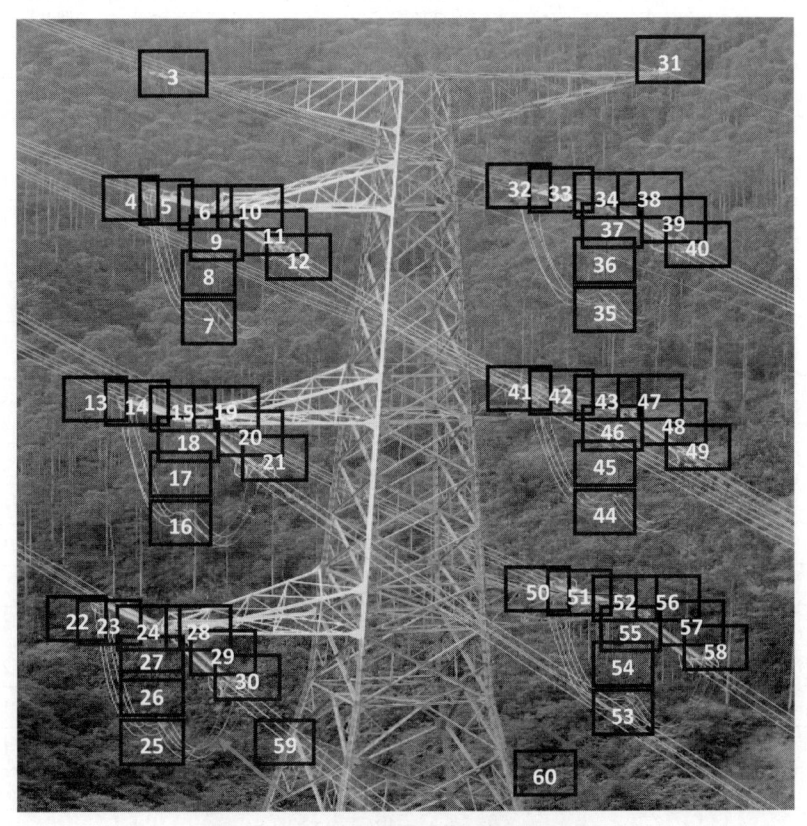

图 2-10 交流双回耐张塔巡检部位

表 2-14　　　　交流双回耐张塔巡检项目名称及拍摄照片数量

编号	项目名称	照片数量（张）
1	全塔/塔头	1
2	基础全貌	1
3	左侧地线（大小号侧各一张）	2
4	左回路上相大号侧绝缘子串导线挂点	2
5	左回路上相大号侧绝缘子串	1
6	左回路上相大号侧绝缘子串杆塔挂点	1
7	左回路上相跳线串杆塔挂点	1
8	左回路上相跳线串	1
9	左回路上相跳线串导线挂点	2
10	左回路上相小号侧绝缘子串杆塔挂点	1
11	左回路上相小号侧绝缘子串	1

〈 29 〉

续表

编号	项目名称	照片数量（张）
12	左回路上相小号侧绝缘子串导线挂点	2
13	左回路中相大号侧绝缘子串导线挂点	2
14	左回路中相大号侧绝缘子串	1
15	左回路中相大号侧绝缘子串杆塔挂点	1
16	左回路中相跳线串杆塔挂点	1
17	左回路中相跳线串	1
18	左回路中相跳线串导线挂点	1
19	左回路中相小号侧绝缘子串杆塔挂点	1
20	左回路中相小号侧绝缘子串	1
21	左回路中相小号侧绝缘子串导线挂点	2
22	左回路下相大号侧绝缘子串导线挂点	2
23	左回路下相大号侧绝缘子串	1
24	左回路下相大号侧绝缘子串杆塔挂点	1
25	左回路下相跳线串杆塔挂点	1
26	左回路下相跳线串	1
27	左回路下相跳线串导线挂点	2
28	左回路下相小号侧绝缘子串杆塔挂点	1
29	左回路下相小号侧绝缘子串	1
30	左回路下相小号侧绝缘子串导线挂点	2
31	右侧地线（大小号侧各一张）	2
32	右回路上相大号侧绝缘子串导线挂点	2
33	右回路上相大号侧绝缘子串	1
34	右回路上相大号侧绝缘子串杆塔挂点	1
35	右回路上相跳线串杆塔挂点	1
36	右回路上相跳线串	1
37	右回路上相跳线串导线挂点	2
38	右回路上相小号侧绝缘子串杆塔挂点	1
39	右回路上相小号侧绝缘子串	1
40	右回路上相小号侧绝缘子串导线挂点	2
41	右回路中相大号侧绝缘子串导线挂点	2
42	右回路中相大号侧绝缘子串	1
43	右回路中相大号侧绝缘子串杆塔挂点	1
44	右回路中相跳线串杆塔挂点	1
45	右回路中相跳线串	1
46	右回路中相跳线串导线挂点	2
47	右回路中相小号侧绝缘子串杆塔挂点	1
48	右回路中相小号侧绝缘子串	1

续表

编号	项目名称	照片数量（张）
49	右回路中相小号侧绝缘子串导线挂点	2
50	右回路下相大号侧绝缘子串导线挂点	2
51	右回路下相大号侧绝缘子串	1
52	右回路下相大号侧绝缘子串杆塔挂点	1
53	右回路下相跳线串杆塔挂点	1
54	右回路下相跳线串	1
55	右回路下相跳线串导线挂点	2
56	右回路下相小号侧绝缘子串杆塔挂点	1
57	右回路下相小号侧绝缘子串	1
58	右回路下相小号侧绝缘子串导线挂点	2
59	大号侧通道	1
60	小号侧通道	1

e. 直流单回路直线塔（见图 2-11，表 2-15）。

图 2-11 直流单回路直线塔巡检部位

表 2-15　　　　直流单回路直线塔巡检项目名称及拍摄照片数量

编号	项目名称	照片数量（张）
1	全塔/塔头	1
2	塔基	1
3	左侧地线挂点	1
4	左相左侧绝缘子串杆塔挂点	1
5	左相左侧绝缘子串	1
6	左相绝缘子串导线挂点	2
7	左相右侧绝缘子串	1
8	左相右侧绝缘子串杆塔挂点	1
9	右相地线挂点	1
10	右相左侧绝缘子串杆塔挂点	1
11	右相左侧绝缘子串	1
12	右相绝缘子串导线挂点	2
13	右相右侧绝缘子串杆塔挂点	1
14	右相右侧绝缘子串	1
15	大号侧通道	1
16	小号侧通道	1

注　直流直线双回路杆塔可以参照直流直线单回路杆塔拍摄。

f. 直流单回路耐张塔（见图 2-12，表 2-16）。

图 2-12　直流单回路耐张塔巡检部位

表 2-16　　直流单回路耐张塔巡检项目名称及拍摄照片数量

编号	项目名称	照片数量（张）
1	全塔/塔头	1
2	塔基	1
3	左侧地线挂点	2
4	左相大号侧绝缘子串导线挂点	2
5	左相大号侧绝缘子串	2
6	左相大号侧绝缘子串杆塔挂点	2
7	左相跳线串杆塔挂点	2
8	左相跳线串	2
9	左相跳线串导线挂点	2
10	左相小号侧绝缘子串杆塔挂点	2
11	左相小号侧绝缘子串	2
12	左相小号侧绝缘子串杆塔挂点	2
13	右侧地线挂点	2
14	右相大号侧绝缘子串导线挂点	2
15	右相大号侧绝缘子串	2
16	右相大号侧绝缘子串杆塔挂点	2
17	右相跳线串杆塔挂点（无跳线可不拍）	2
18	右相跳线串（无跳线可不拍）	2
19	右相跳线串导线挂点（无跳线可不拍）	2
20	右相小号侧绝缘子串杆塔挂点	2
21	右相小号侧绝缘子串	2
22	右相小号侧绝缘子串杆塔挂点	2
23	大号侧通道	1
24	小号侧通道	1

注　直流耐张双回路杆塔可以参照直流耐张单回路杆塔拍摄。

（6）飞行后处理。

1）当飞机降落到地面后，油门熄火，设备断电，飞机各部位温度是否异常，如有异常应当立刻停止作业并进行维修；对无人机机身进行检查，查看连接部位是否紧固，对关键部位（螺旋桨、拍摄镜头）进行清洁并确认完好；检查地面站，确认其能否进行下一次飞行，如果出现异常应首先判断能否现场维修，如无法立即完成维修，应及时更换地面站设备。

2）飞行降落完成后，清理工作地点，设备拆卸装箱、装车。应将动力电池拆卸，储存于专用电池箱中。核对设备和工具清单，确认现场无遗漏，出发至下一个工作点。

3）工作票任务结束后，设备入库前核对设备清单，检查设备有无缺失并填写完设备入库单。

4）无人机巡检系统应有专用库房进行存放和维护保养。

5）无人机巡检系统所用电池应按要求进行充（放）电，确保电池性能良好。

2.3　提升状态感知能力

针对设备本体，通过分布式故障定位、异常诊断装置、导线精灵、金具温度等智能终端装置的规模化部署、规范化应用，实现设备本体状态的全天候监测、主动评估、智能预警。以区段为单位部署输电线路边缘物联代理装置，针对不同区域、不同数量感知终端的接入，开展各类型监测设备通信方式和协议规约的适配，实现图像宽带数据及传感器窄带数据的融合传输及边缘处理，网络较差环境下数据的可靠回传。目前共安装各类设备6041套，各类主要在线监测设备中，微拍监测装置共3504套、分布式故障定位监测装置526套、导线精灵290套、护层环流监测177套、电缆护层电压监测148套、电缆局部放电监测23套。

（1）图像监测。支持图片抓拍功能，装置具备边缘计算功能，支持智能分析处理识别线路通道中隐患对象，如工程车、挖掘机、推土机等工程作业机械，并对识别的隐患图片上传至主站。支持4G全网通无线网络传输夜视全彩，支持最低照度0.001Lux图像抓拍，独立太阳能供电系统，超低功耗，超长待机，支持WiFi无线通信。参数规格见表2-17。

表2-17　参　数　规　格

序号	参数	数值	
1	像素	800万	200万
2	传感器类型	1/3.2″ CMOS	1/2.8″ CMOS
3	镜头	3.85mm/F2.2	4.0mm/F1.0
4	最低照度	夜视彩色：0.001Lux@（F1.6，AGC ON）	
5	图像分辨率	3264×2448	1920×1080
6	WiFi	支持2.4GHz，支持802.11b/g/n	
7	功耗	待机功耗≤0.1W，工作功耗≤2W	
8	供电	内置10Ah锂电池，10W太阳能板供电	
9	接口	支持USB	
10	工作温湿度	工作温度-10~70℃ 湿度小于95%（无凝结）	
11	电源	DC 4.2V±10	
12	防护等级	IP67	
13	尺寸	176mm×86mm×88mm	
14	重量	430g	

(2)微气象监测。支持温度、湿度、气压、辐射、风速、风向、雨量等七维微气象参数测量;支持 4G 全网通,智能流量管理;休眠功耗≤0.6W,支持智能电量管理,自动切换工作式。规格参数见表 2-18。

表 2-18 规 格 参 数

序号	参数	数值
1	温度	-40～+90℃;误差±0.3℃
2	湿度	0～100%;误差±2%
3	气压	300～1100hPa;(绝对)±1hPa;(相对)±0.12hPa
4	太阳辐射	0～1800W/m²;误差±5%
5	风速	0～60m/s;±(0.5+0.03V)m/s,V 为标准风速值
6	风向	装置标记(N)为基准点,方向在 0～359.9°,误差±3°
7	雨量	mm 为单位,误差±5%
8	网络传输	支持双卡双待 4G 全网通接入移动网络、流量管理、信号强度显示
9	太阳能板	30W 太阳能电池板
10	电池	30AH 锂电池
11	无阳光工作时间	≥20 天
12	功耗	休眠功耗≤0.6W
13	定位	支持 GPS/北斗定位
14	接口	支持 DC 12V 接口、USB 接口、SIM 卡接口、开关
15	工作温湿度	工作温度:-40～+70℃ 相对湿度:0%RH～100%RH
16	防护等级	IP65
17	尺寸	171.5mm(长)×129.2mm(宽)×250mm(高)
18	质量	≤1.5kg

(3)导线精灵。我国输电线路的覆冰现象已经十分普遍。输电线路覆冰和积雪会导致其机械和电气性能急剧下降,引起导线舞动、杆塔倾斜甚至倒塌、断线以及绝缘子闪络等重大电力事故,严重影响电力系统的安全运行。传统的人工巡线、观冰站等监测方法效率低且费时费力,而且运维人员的安全系数低。现有的基于拉力和图像的覆冰监测方法往往需要解开绝缘子串,施工复杂,且存在安全风险。另外现有的覆冰监测系统均采用太阳能供电,覆冰期间监测系统往往供能不足、无法正常工作,更严重的问题是,摄像机由于是间隙上电工作模式,摄像机的镜头很容易出现结冰现象,没法拍到现场的覆冰情况。

装置直接安装在输电线路导线上,电源系统采用高效交流感应取电技术,供电可靠性高。摄像机镜头采用高分子有机薄膜加热技术,CPU 可根据现场的环境温湿度进行加热防冻操作,保障镜头不覆冰。内置 AI 处理器,可通过覆冰图像信息算出覆冰厚度,便于用户全方面、高效的掌握线路覆冰状态。

装置通过4G传输方式向中心站发送监测图像、视频、传感器和状态信息等数据，具备定时拍摄、召回拍摄两种工作方式。当相关信息超过设置的阈值后，平台会自动通过手机微信及Web向用户推送覆冰状态预警信息。

2.4 防外破协同处置体系创新

2.4.1 多方联动、层层防控，协同处置策略内涵

国网嘉兴供电公司以"标准化、精益化、智能化"管理为主线，采取多方联动、层层防控，协同处置策略创新输电线路通道隐患管控模式，主要管理策略为：① 健全设备主人、属地供电营业所（信息员）和外协队伍（护线员）的三级护线网络，三者联动对设备、通道情况进行网格化、撒网式巡视，深入开展隐患排查及时发现并处理设备缺陷和通道隐患；② 完善警示标识牌、限高线、保护区界桩物防措施，创新应用夜间发光警告牌、杆塔警示标志漆提升通道警示效果，多形式开展电力设施保护宣传；③ 建立无人机、人工移动智能巡检、通道可视化协同开展的输电线路通道立体化防护体系，全方位掌控输电线路通道状态；④ 建立生产指挥中心与运维单位联动、县属配合，政企警企联合的通道隐患内外协同网络；⑤ 以人防、物防及技防立体化防护体系为基础，依托内外联动、通道自主报警、无人机喊话手段，形成线路智慧预警、巡检自主处理、部门协作响应、政企警企联合的通道隐患协同处置机制，实现通道隐患有效实时处置。

2.4.2 多方联动、层层防控，协同处置主要做法

2.4.2.1 健全三级护线网络，优化通道巡视策略

（1）依托三级护线网络，密织通道人防防线。合理利用内外资源，建立以设备主人、外协队伍（护线员）和属地供电营业所（信息员）组成的三级护线网络。设备主人负责管辖线路设备的专业巡视及通道护线巡视的具体工作任务安排，外协队伍（护线员）主要工作为通道日常巡视和维护、电力设施保护宣传、应急先期管理。属地供电营业所（信息员）主要负责输电线路通道隐患信息报送及危险源前期处置，配合政策处理、用户投诉、事故调查等工作。三者建立沟通机制，通过交叉式巡视，及时发现和处置各类隐患，加大了输电线路通道的巡视频次，能及时发现和高效消除可能危及输电线路安全运行的各种危险

源,实现输电通道风险动态管控。

(2)应用差异化巡检策略,输电通道精准运维。基于差异化运维手段,综合考虑线路及区段重要程度、状态评价结果、运行时间等因素,制定差异化巡视、检修策略,充分利用有限的运维资源,加强重点线路、重要区段以及重要部位运维检修,实现输电通道精准运维,有效缓解人力资源紧缺。

2.4.2.2 完善现场防护措施,加大保护宣传力度

(1)设置现场警示措施,提醒施工作业安全。通道保护区及附近基础设施建设施工隐患较多,各类高大机械在线下临时不听劝阻、违章施工现象屡禁不止。为更全面的加强施工现场管控,通过设置多种警示措施,加大施工现场的警示、宣传作用,主要采取措施为:① 针对前期掌握的施工范围以及施工所用的高大机械情况,设备主人根据现场情况设置施工警示牌,线路保护区界桩,提醒施工人员严禁未经许可在线路保护区内使用高大机械施工;② 在杆塔基础周边设置警示围栏,禁止施工单位在杆塔周边堆土、取土施工;③ 在进入施工现场的道路上设置限高门架,从源头控制高大机械驶入线路保护内施工;④ 对跨越道路、航道、苗圃等临时施工作业高发区增设警示标识。

(2)创新应用物防措施,提升通道警示效果。随着基础设施建设加快,公路交通网的完善,输电线路与道路交跨点不断增加,夜间施工及保护区内临时机械作业隐患时有发生。同时线下农作物塑料大棚等易漂浮物大量存在,均对线路安全运行带来巨大威胁。为有效应对突发隐患,创新应用物防措施,提升通道警示效果。① 对塑料大棚、苗圃等及时粘贴大棚加固及树木移植警示贴纸,及时提醒农户对破损大棚进行加固,保护区内树木移植提前通知运维人员;② 在重要交跨处涂刷红白警示标语,并在跨公路、河道等临时作业风险点设置发光警告牌,夜间对施工行为进行警示,保障输电通道安全。

(3)开展涉电安全施工宣传,营造电力设施保护氛围。为强化输电通道施工风险点的管控,多措并举开展电力设施保护管控。① 与建设单位、施工单位建立沟通机制,施工前主动与保护区内附近施工单位进行一对一服务,现场召开安全交底会议,签订安全协议书,开展电力设施保护宣传,明确施工安全要求并精准传达至作业人员;② 开展电力设施保护宣传答题活动,社会公众参与答题,了解电力设施保护宣传知识和提高安全意识,从源头消除隐患。

2.4.2.3 应用智能运检技术,实现通道立体防护

(1)基于智能监测技术,实时监控通道状态。针对施工作业点多面广,施工时间各有异同,具有临时突发性特点,在重要输电线路及重大危险点安装图像监控装置通过智能监

测技术实现通道状态实时掌控。① 利用安装在重要输电通道、重要交跨及重大危险点处的可视化高清视频监控装置，融合基于深度学习的图像识别方法，对"三跨"线路区段、易受大型施工机械外力破坏影响等区域进行实时监测,实现输电通道的全天候远程巡视和大型机械自主识别预警。② 建立告警管理机制，形成输电线路在线监测、智能预警、辅助决策及应急联动模式，实现监盘与设备主人的有效联动机制，切实提升了通道风险管控水平。并且在台风暴雨期间，通过通道可视化远程监控通道异物飘浮状态，在迎峰度夏期间输电线路通道状态掌控上发挥重要作用。

（2）深化人机协同巡检，提升通道巡检效率。以提升运检效率效益为目的，以基于二维/三维的嘉兴人机协同巡检管控应用平台为支撑，以智能运检队伍建设、智能巡检装备完善配置、协同巡检制度建立为保障，构建人机协同巡检体系。① 建立基于平原河网地区的输电线路人机协同巡检模式，以省公司无人机巡检十八大业务为基本点，深化输电线路无人机巡检技术，推广应用无人机不间断巡检、自主巡检、树障分析等技术，精准掌控通道状态；② 在重要输电线路沿线变电站统一规划部署机巢，建立无人机不间断巡检模式，远距离一键启动无人机对输电通道开展巡检，实现传统人工作业向人机协同作业转变，提升通道巡视效率；③ 推广应用无人机通道隐患智能识别、深化无人机喊话功能，依托智能运检技术提升通道防外破水平。

（3）推广智能巡检技术，提升通道状态管控深度。① 应用高集成度巡检技术，运维人员携带移动巡检 PDA、激光测距仪、红外成像仪等设备开展巡视检查，并建立基于 PDA 的移动巡检模式，提升现场信息采集效率，实时掌控通道交跨情况及运行信息；② 应用非接触智能预警系统及激光防外破装置，通过交互界面直观展示风险情况，对在红线内的施工作业机械高度实时监测、智能预警，实现施工危险点的有效管控；③ 应用激光除异物装置，对各类漂浮物、风筝尾线等异物缠绕隐患安全、快速消缺，及时消除输电线路通道隐患。

2.4.2.4 构建内外联动网络，拓宽通道隐患管控渠道

（1）依托政企、警企联动，保障输电通道安全。① 强化外部联动，巩固政企、警企联动机制。与发改委、综合执法局等 9 个单位联合发文《嘉兴市关于加强电力设施保护工作的通知》，为输电线路运维提供有力的保障。② 依托嘉兴市电力执法协调联动中心，与输电线路通道沿线属地公安机关主动沟通、多方联动，开展联合巡视，加强区域内治安巡逻力度，联合执法处置重大活动保供电期间各类异常情况，保障电网稳定运行。③ 建立与地方各级安全生产监督管理局的联动机制。通过嘉兴市安全生产监督管理局等有关单位的协助，举办针对建设/施工单位、混凝土公司、高大机械操作人员电力设施保护安全知识培训班，并颁发培训证书；同时针对在电力线路保护区作业时破坏电力设施设备的

建设/施工单位，请地方各级安全生产监督管理局协助处理。

（2）部门协作联动响应，保障通道隐患迅速处置。嘉兴公司充分发挥部门联动、属地配合响应效能，整合各级运维单位资源，保障输电通道隐患迅速处置。① 依托生产指挥中心实体化运作，发挥生产信息实时汇聚处置的指挥中枢功能，指挥中枢与运维单位上下联动响应，通过信息汇集、过程管控、预警研判、指挥协调流程实现通道隐患实时掌控、有效处置。② 依托输电运检中心与属地运维单位横向协作，有效发挥属地运维人员距离近的优势，整合人力资源，实现输电通道隐患联合迅速处置。

2.4.2.5 建立立体防护、协同处置机制，全面掌控通道状态

嘉兴公司建立立体防护、协同处置机制，确保通道状态全面掌控。以人防、物防及技防立体化防护体系为基础形成输电通道常态化管控手段；依托内外联动、通道自主报警、无人机喊话手段，形成线路智慧预警、巡检自主处理、部门协作响应、政企警企联合的通道隐患协同处置机制。通过构建多方联动、层层防控，协同处置输电线路通道隐患策略，有效提升通道状态掌控深度及隐患处置效率，保障通道安全运行。多方联动、层层防控——输电线路防外破协同处置体系结构如图 2-13 所示。

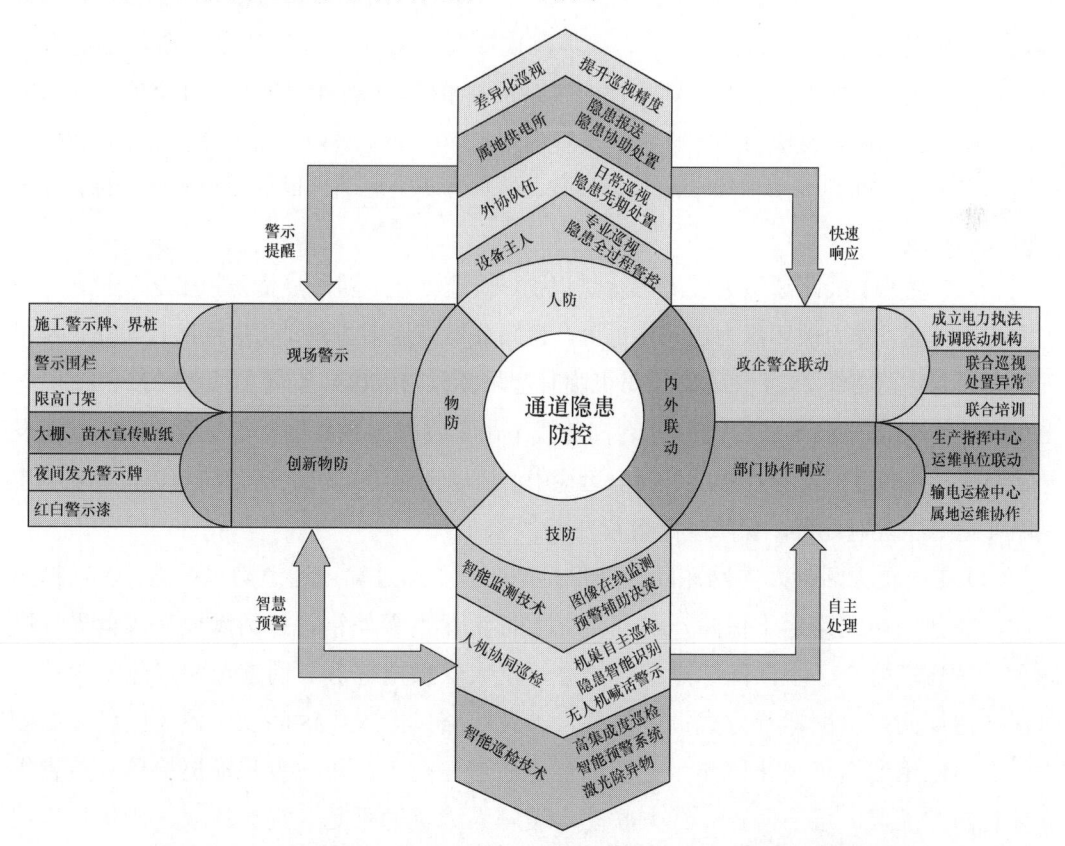

图 2-13 多方联动、层层防控——输电线路防外破协同处置体系结构

2.4.3 实施效果

2.4.3.1 取得成效

（1）实现输电线路通道状态"主动管控"。① 依托三级护线网络，立体巡检体系，深入开展设备缺陷和隐患排查，对重要输电线路全面进行检查，开展风险评估，分层分级治理和管控隐患，及时处置各类异常情况，提升了隐患识别和处置的准确性、及时性，夯实线路本质安全。截至目前特高压护线人员发现缺陷159处，发现通道隐患275处，其中外破隐患98处；220kV护线人员发现缺陷301处，隐患256处，其中外破隐患77处；设备主人发现隐患184处，有效保障输电线路安全。② 有效避免现场施工带来的线路安全事件发生，面对大量施工机械外破隐患，通过输电设备主人、护线巡视人员、危险点外协值守人员内外联动，及时发现和处置输电线路通道施工隐患，以及采取现场设置技防措施实现通道风险可控、在控、能控，有效避免现场施工带来的线路安全事件发生。③ 加强源头治理、过程管控、突发事件的应急处置，提升内在的预防和抵御事故风险的能力，有效保障重要输电通道的安全运行。外力损坏跳闸明显下降，特高压线路重要输电通道及500kV输电线路未发生因外力损坏致使的线路跳闸事件，实现外破零跳闸和零停运的双零目标。嘉兴公司输电运检中心制订护线员管理规定，以定期培训、现场检查指导、微信和电话抽查等方式加强通道护线情况监督检查、信息收集，加强通道护线痕迹化管理，提升通道巡视质量。

（2）实现输电线路通道突发隐患智能识别、快速处置。随着疫情防控形势变化，外部工程相继复工，外力破坏压力进一步加大，嘉兴公司应用多方联动、层层防控策略，及时发现±500kV葛南线2521～2522号吊机临时起吊船只，1000kV安塘Ⅰ/Ⅱ线222～223号、±800kV复奉线3586～3587号跨常台高速线下吊车临时施救翻倒货车等数十起临时突发异常事件，并通过生产指挥中心、输电运检中心、属地运维单位快速联动响应，实现输电线路通道隐患快速处置，保障线路运行安全。

（3）完成重大活动及电网风险预警保供电工作。通过输电通道隐患排查，多项措施并举，加强输电线路运维保障，实现了三大直流保电零差错，并圆满地完成世界互联网大会·乌镇峰会、中国国际进口博览会等重大保供电任务。南部电网优化工程第一阶段改造期间，电网运行方式调整复杂，涉及线路风险保电时间长、覆盖面广、影响大。公司应用通道可视化监测、无人机自主通道巡检、高集成度移动巡检单兵装置等立体化防护手段，层层防控、多方联动，缓解人力资源不足、提质增效，确保输电线路安全。

2.4.3.2 场景应用

（1）常态化立体防护网络。国网嘉兴供电公司采用以人防、物防及技防立体化防护体系对输电线路通道状况开展常态化防控，构建层层防护网络；通过内外联动、无人机喊话等新技术应用实现通道隐患协同迅速处置，相关措施见表2-19。

表2-19　　　　　　　　　常态化立体防护网络措施

采取措施	相关图片	
人防措施		
物防措施		
技防措施		

续表

采取措施	相关图片
技防措施	
内外联动	

（2）应用无人机消除通道隐患案例。生产指挥中心值班人员在通过输电线路通道可视化监控系统自主预警发现有机械临时进入1000kV安塘Ⅰ、Ⅱ线182～183号线路保护区作业。针对该起临时突发通道隐患，嘉兴公司运用多方联动、层层防控、协同处置策略实现隐患及时识别及快速处置，确保输电线路安全运行。具体采取措施为：

1）生产指挥中心值班人员通过输电线路通道可视化监控系统及时发现通道隐患（见图2-14）。

2）生产指挥中心对临时突发通道隐患进行研判，第一时间将相关情况通知输电运检中心（运维单位），并对处置情况和动态实时跟踪。

3）输电运检中心收到消息后，立即通过三级护线网络安排附近运维人员赶赴现场，并与属地运维单位进行联动，第一时间赶赴现场协助处置；同时输电运检中心启动无人机机巢（见图2-15）。

4）无人机机巢启动，无人机飞赴施工现场。巡检过程中设备状态与巡检画面实时回传（见图2-16）。

图 2-14　生产指挥中心值班人员利用通道可视化平台对线路进行监测

图 2-15　运维单位启动无人机机巢

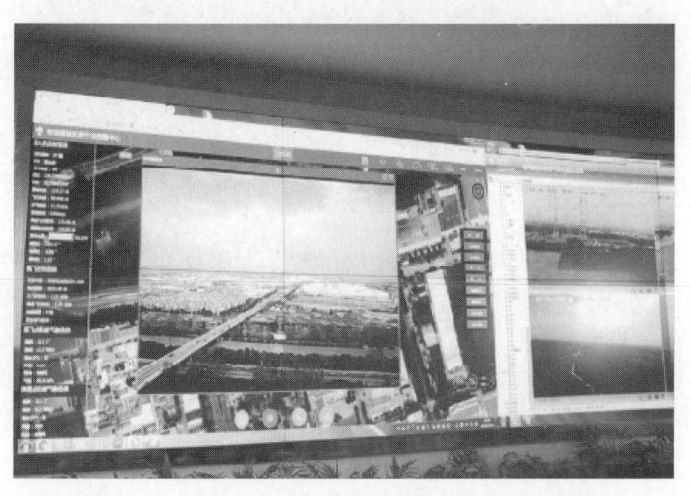

图 2-16　无人机实时回传设备状态及巡检画面

5）无人机到达施工作业点，对施工作业人员进行喊话提示，提醒施工人员安全注意事项，及时驶离线路保护区（见图2-17）。

图2-17　无人机喊话提醒作业机械及时驶离

6）施工作业人员收到警示后，将施工机械收臂，驶离保护区，通道隐患消除（见图2-18）。

图2-18　施工作业机械手臂，驶离现场

7）输电运检中心（运维单位）及时将相关处置情况进行隐患闭环汇报。并按照多方联动、层层防控，协同处置策略继续强化通道状态掌控。

（3）内外联动消除临时突发隐患案例。嘉兴供电公司输电运检中心（运维单位）监控小组通过输电线路通道可视化监控系统自主预警发现1000kV安塘线222号、±800kV复奉线3586号塔跨常台高速有货车故障，线路下方临时有吊机准备施救。通过应用内外联动及时将隐患消除。

1）输电运检中心监控小组通过输电线路通道可视化系统传回的实时抓拍图像及预警提示识别1000kV安塘线222号、±800kV复奉线3586号塔线下吊车临时施救隐患。

2）输电运检中心收到预警信息后，立即启动应急响应，紧急联系附近运维人员第一时间赶赴现场；同时联系属地运维单位协助现场处置。

3）输电运检中心通过外部与高速公路处联动，拨打救援电话12122询问现场施救负责人联系方式，并随即通知施工现场停止作业并发送短信提醒。

4）护线员及属地运维人员到达现场，协助现场处理及现场情况监护。设备主人到场后对吊车施救人员开展电力设施保护宣传、签订隐患告知书，进行现场专业监护。

5）输电运检中心采用"现场+可视化平台"双监护的方式全程监控施工过程。吊机施救完成驶离现场，通过内外联动迅速实现通道突发作业隐患处置。

3 数智运维转型

3.1 集中监控模式优化

以运维资源和技术手段为基础,两个应用为支撑,两大能力(全息感知能力、智能分析能力)为保障,实现三个要素(设备、人员、业务)全景可视的远程集中监控体系(见图3-1)。建立集中监控班组,以管控输电设备运行状态为核心,纵向贯通专业部门和上级管控中心,横向覆盖管理科室和基层班组,形成自上而下、网状关联的协同效应。业务方面,监控班组负责输电线路监测数据监控、分析等日常运行管理工作,发现线路设备异常及时通知运维管理单位,跟踪现场处置情况,对缺陷隐患状态进行核对、闭环;运维单位负责处置反馈,并应用输电全景监控应用群等平台,开展任务派发、作业执行、巡检记录等全业务线上流转管控和数据归集,建立生产隐患识别分析、隐患处置安排、现场处置反馈的应急联动机制,实现输电监控业务智能化水平和运检效率双提升。通过输电集中监控中心开展各类在线监测设备全景可视化轮巡和告警处置,发现线路设备异常及时通知运维班组,跟踪现场处置情况,对缺陷隐患状态进行核对、闭环。

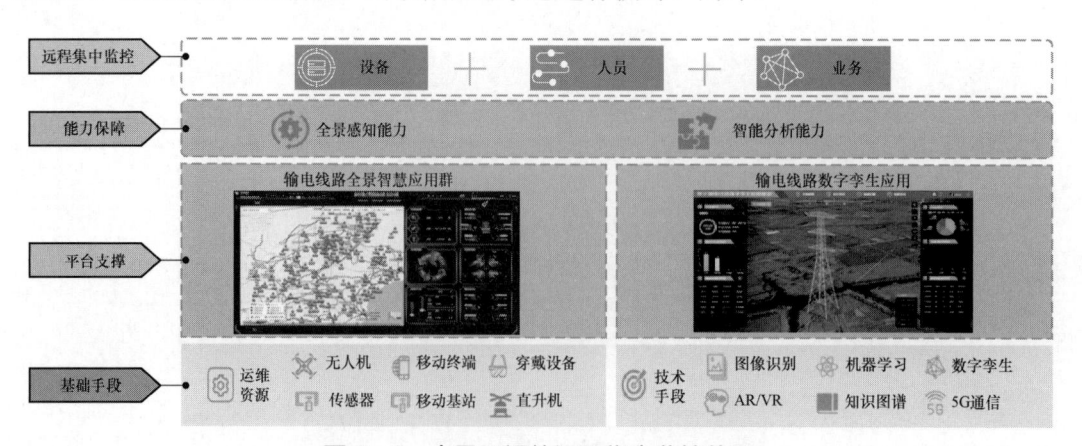

图 3-1 全景可视的远程集中监控体系

3.2 建立输电线路数字孪生应用

数字孪生,是指数字化映射,为物理世界植入"数字基因",在数字世界中构建一个和实体一模一样的模型,实现对现实物理实体的了解、分析和优化,对物理空间进行描述、诊断、预测、决策,解决物理世界和数字世界的智能化互联互通,实现全生命周期的双向动态交互。

基于数字孪生技术,构建以基础端、数据互动层、模型构建层、仿真分析层和应用端的数字孪生输电线路应用,综合考虑输电线路不同监测参量对数据传输、响应时间等差异化需求,依托"空天地"协同立体巡检体系设计,建立云边端协同感知技术框架(见图3-2)。通过数学模型、力学模型、塔线体系模型算法进行仿真推演,叠加前端在线监测装置、无人机巡检等实时信息,实现物理电网与数字电网的同步运行,线路状态实时感知与智能诊断,逐级深化,迭代提升,形成需求带动创新、智能服务基层的智能自主分析模式。

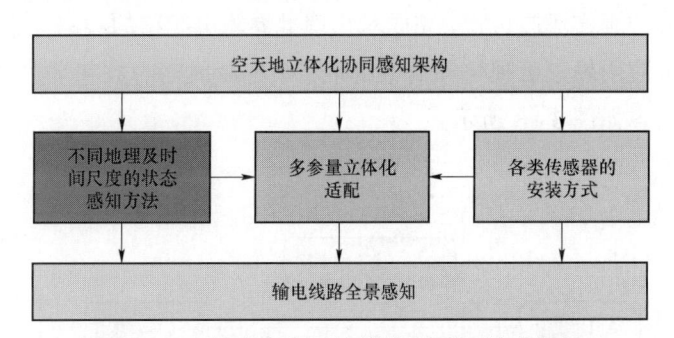

图3-2 数字孪生云边端协同感知技术框架

基于输电线路数字孪生应用,融合GIS+CAE+物联网技术,集成气象地理、历史运维、多源监测等数据,依托数据驱动与动态仿真相融合的设备状态在线评估技术,实现了输电线路运行和健康状态的实时仿真评估。建立架空输电线路数字孪生平台,通过构建全方位、高精度的数字孪生输电模型,还原线路本体、设备、地形、通道信息,叠加在线监测装置信息、无人机巡检等实时信息,实时感知输电线路本体设备和外部通道环境变化,实现设备全生命周期管理。目前,平台已具备对线路通道环境评估和本体性态评价、对台风等自然灾害精准预判及灾后反演、无人机巡检作业模拟以及带电作业数字化安全评估等功能,通过数字孪生输电线路建设,实现输电专业数字化牵引水平全面提升。2022年,嘉兴公司依托数字孪生平台对台风"轩岚诺"及"梅花"来临前进行精准预判,累计识别隐患 12 处，以数智化手段保障台风期间输电线路安全运行。同时，平台带电作业数字化安全评估已实现对跨二短三、小飞侠、荡入法等多种带电作业方式的仿真模拟，并进行安全评估，形成评估报告，有效辅助现场带电作业的开展，2022 年首次运用"数字孪生＋无人机＋小飞侠"成功开展密集通道带电作业，全面提升嘉兴公司带电作业数字化与智能化水平。

3.3　架空输电线路数字孪生主要建设内容

架空输电线路数字孪生借助数字化建模工具构建相应的物理"孪生体"复刻物理世界中的输电线路基础构造［主要包含杆塔、绝缘子串、金具、附属设备（间隔棒、防振锤）等］，并通过对实物本体生命周期的基本信息和真实环境信息、三维地理信息和 IOT 物联网设备监测信息等各种真实数据和孪生体之间的数据双向绑定与流动的融合（本体向孪生体输出数据，孪生体也向本体反馈信息）。借助于新一代信息化技术实现对数字孪生体模型、数学模型、分析模型和各类数据信息的组合、拼装、分析、仿真、推演和可视化展示技术实现这一过程的真实还原可视，完成对物理世界输电线路的线路生命周期、线路实况仿真与反演和五大应用场景可视化等输电线路整个生命周期的数字孪生。架空输电线路数字孪生主要建设内容如图 3-3 所示。

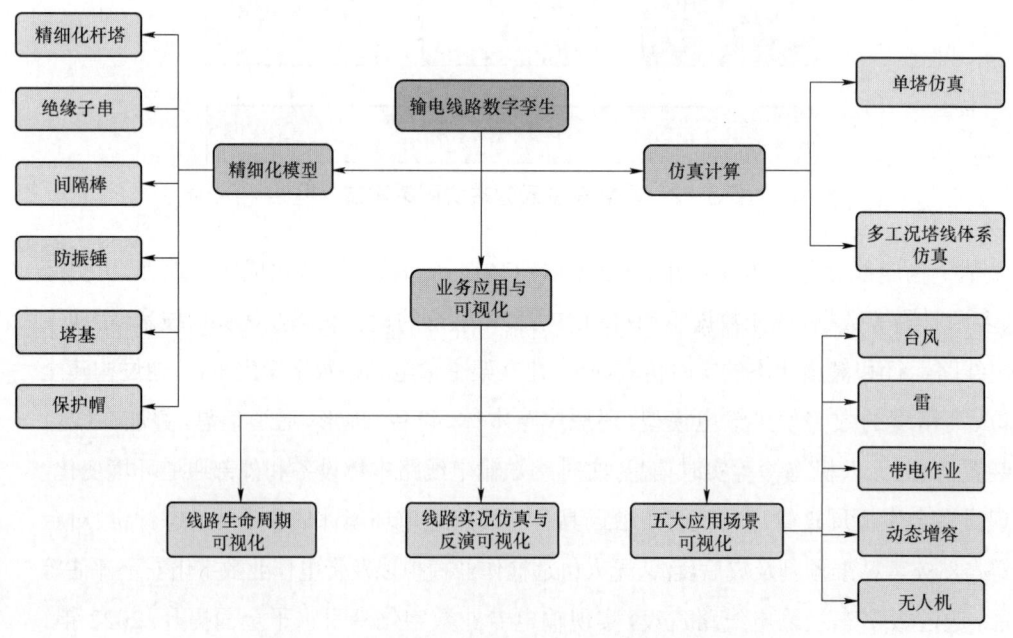

图 3-3　架空输电线路数字孪生主要建设内容

3.3.1 建设目标

通过对人、设备、事件等所有要素数字化，在信息空间上构建线路的虚拟映像，形成物理维度上的实体世界和信息维度上的数字世界同生共存、虚实交融的格局，实现输电线路"态势有洞察、决策有支撑、处置有闭环"的设备管理新形态，全力支撑状态感知、全景监控的新一代输电线路建设和运维。

（1）通过虚实互动、持续迭代，实现输电线路全生命周期动态管理，形成虚实结合、孪生互动的设备管理新形态。

（2）基于动态仿真、科学评估，支撑设备状态检修从"被动定期"向"主动精准"转变，保安全、促发展，提质增效。

（3）借助更泛在、普惠的感知，更快速的网络，更智能的计算，推动输电线路数字化转型和智能化升级。

综合考虑当前数字孪生电网的整体需求以及目前数字孪生、传感器设备的应用现状，架空输电线路数字孪生平台，以虚拟的数字电网模型以及电网线路、环境、杆塔、地质监测设备等实体设备为核心，以高性能计算、展示、数据传输方法为手段，担负起与电网建设、运行、抢修、模拟分析相关的展示、模拟、计算、调度、管理等工作，最终实现对电网的全生命周期管控。

3.3.2 总体架构设计

3.3.2.1 设计思路

架空输电线路数字孪生应用整体设计思路，以实现架空输电线路智能化运维为目标，实现架空输电线路在投运、极端气象工况下的隐性隐患自动预警、线路实况同步、仿真模拟等功能，具体包含：① 在台风天气下的预警；② 雷雨等极端天气下预警；③ 带电作业；④ 动态增容；⑤ 无人机应用等五大典型应用场景。

主要技术设计思路采用了数字孪生的技术手段，总体架构设计包括基础设施层、架空输电线路数据库层、支撑服务层和架空输电线路数字孪生应用层。其中基础设施层包含了存储服务器、三维可视化设施、网络基础设施、负载均衡、云计算服务器、Iot监测设备、数据采集设施等；架空输电线路数据库包括了各类专题数据子库以及底层数据库管理模块等内容；服务支撑层采用微服务架构，运用了SpringBoot＋Mybatis提供相关数据流转、仿真计算等服务，三维可视化引擎等技术，将杆塔、防振锤、间隔棒等精细模型、仿真模型等三维模型进行可视化呈现。应用层则包含了架空输电线路智能化运维的建设内容。

整个系统将遵循 restful 标准，并采用前后端分离技术（前端：Vue.js、后端：java）、关系型数据库等技术或标准，实现了以关系型数据库为存储介质，最终以三维地理信息、三维模型、Vue.js、前后端分离等技术为手段，可视化呈现与展示了架空输电线路数字孪生的实现。

3.3.2.2　设计原则及规范

业务应用典型设计以"面向未来、国网特色"为总体原则。面向未来是指典型设计方案基于五个"一体化"设计成果进行设计，以指导未来业务应用系统建设。国网特色是指典型设计方案优先选用国网自主知识产权的平台、软件和组件进行设计，形成良性循环，体现公司信息化特色。具体原则如下：

（1）架构前瞻性。结合五个"一体化"设计成果，按照"面向未来"的要求进行业务应用系统的架构设计，遵循公司信息化发展的规划和客观规律。

（2）建设继承性。充分继承公司现有信息化建设成果，借鉴各部门、省（市）公司、直属单位的信息化建设经验，综合考虑技术的先进性和实用性。

（3）技术先进性。适当采用符合国际发展趋势的先进技术，保证系统具有较长生命力和扩展能力，同时保证技术的稳定性、安全性。

（4）设计规范性。遵循 SG-ERP 架构要求、五个"一体化"设计成果要求和 SG-CIM 数据建模要求，规范公司平台组件的使用方法，推荐相对统一的技术路线和设计方案。

（5）安全符合性。软件系统应遵循国家电网公司应用软件系统通用安全要求，移动 App 应遵循国家电网公司移动应用软件安全技术要求，软件代码安全应遵循信息系统应用安全代码安全检测要求。

（6）版本规范性。版本管理应遵循国家电网公司信息系统测试与版本管理细则相关要求。

3.3.2.3　数字孪生关键技术

数字孪生平台建设所需要的全过程数据在数据层进过数据导入、数据集成、数据治理实现数据的标准化成果入库工作，不同类型的数据根据数据的结构特点存入到相应类型的数据库中，包括关系型数据库、分布式文件存储系统、模型文件系统、对象存储服务等；同时数据层还提供数据计算组件，将数据进行挖掘、分析、可视化构建等复杂计算成果的输出，并将计算结果在虚拟现实引擎和 3D GIS 引擎的支撑下实现数据的前端可视化。数字孪生技术主线如图 3-4 所示。

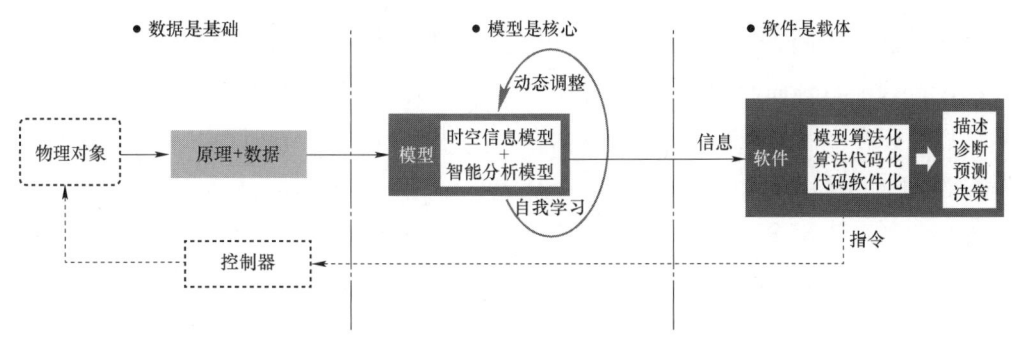

图 3-4 数字孪生技术主线

架空输电线路数字孪生的本质是输电线路数据闭环赋能体系，通过数据全域标识、状态精确感知、数据实时分析、模型科学决策、智能精准执行，实现输电线路运行和维护的模拟、监控、诊断、预测和控制，解决输电线路规划、设计、建设、管理、服务闭环过程中的复杂性和不确定性问题，全面提高输电线路物质资源、智力资源、信息资源配置效率和运转状态。

架空线路输电线路数字孪生是基于多技术门类的集成创新，通过新型测绘技术可快速采集地理信息进行电力设施设备以及输电线路的建模，标识感知技术实现实时"读写"真实输电线路，协同计算技术高效处理电路运维产生的海量运行数据，全要素数字表达技术精准"描绘"输电线路的前世今生，模拟仿真技术助力在数字空间刻画和推演输电线路运行态势，深度学习技术使得输电线路数字孪生系统具备自我学习智慧生长能力。

（1）Vue 技术。Vue.js（读音/vju:/，类似于 view）是一个构建数据驱动的 Web 界面的渐进式框架。Vue.js 的目标是通过尽可能简单的 API 实现响应的数据绑定和组合的视图组件。一方面，不仅易于上手，还便于与第三方库或既有项目整合。另一方面，当与单文件组件和 Vue 生态系统支持的库结合使用时，Vue 也完全能够为复杂的单页应用程序提供驱动。

Vue.js 自身不是一个全能框架——它只聚焦于视图层。因此它非常容易学习，非常容易与其他库或已有项目整合。另一方面，在与相关工具和支持库一起使用时，Vue.js 也能完美地驱动复杂的单页应用。

（2）RESTful 标准化接口。REST 指的是一组架构约束条件和原则。满足这些约束条件和原则的应用程序或设计就是 RESTful。

Web 应用程序最重要的 REST 原则是客户端和服务器之间的交互在请求之间是无状态的。从客户端到服务器的每个请求都必须包含请求所必需的信息。如果服务器在请求之间的任何时间点重启，客户端不会得到通知。此外，无状态请求可以由任何可用服务器回答，这十分适合云计算之类的环境。客户端可以缓存数据以改进性能。

在服务器端，应用程序状态和功能可以分为各种资源。资源是一个有趣的概念实体，它向客户端公开。资源的例子有：应用程序对象、数据库记录、算法等等。每个资源都使用 URI（universal resource identifier，URI）得到一个唯一的地址。所有资源都共享统一的接口，以便在客户端和服务器之间传输状态。使用的是标准的 HTTP 方法，比如 GET、PUT、POST 和 DELETE。

另一个重要的 REST 原则是分层系统，这表示组件无法了解它与之交互的中间层以外的组件。通过将系统知识限制在单个层，可以限制整个系统的复杂性，促进了底层的独立性。

当 REST 架构的约束条件作为一个整体应用时，将生成一个可以扩展到大量客户端的应用程序。它还降低了客户端和服务器之间的交互延迟。统一界面简化了整个系统架构，改进了子系统之间交互的可见性。REST 简化了客户端和服务器的实现。

（3）符合 W3C 标准。万维网联盟（缩写为 W3C）标准不是某一个标准，而是一系列标准的集合。网页主要由三部分组成：结构（Structure）、表现（Presentation）和行为（Behavior）。

万维网联盟创建于 1994 年，是 Web 技术领域最具权威和影响力的国际中立性技术标准机构。到目前为止，W3C 已发布了 200 多项影响深远的 Web 技术标准及实施指南，如广为业界采用的超文本标记语言（标准通用标记语言下的一个应用）、可扩展标记语言（标准通用标记语言下的一个子集）以及信息无障碍指南（WCAG）等，有效促进了 Web 技术的互相兼容，对互联网技术的发展和应用起到了基础性和根本性的支撑作用。

对应的标准分为结构化标准语言（主要包括 XHTML 和 XML）、表现标准语言（主要包括 CSS）和行为标准［主要包括对象模型（如 W3C DOM）、ECMA Script 等］三方面。这些标准大部分由 W3C 起草和发布，也有一些是其他标准组织制订的标准，比如 ECMA（european computer manufacturers association，ECMA）的 ECMA Script 标准。

1）结构标准语言编辑。可扩展标记语言（标准通用标记语言下的一个子集、缩写为 XML）。现推荐遵循的是万维网联盟于 2000 年 10 月 6 日发布的 XML1.0。和 HTML 一样，XML 同样来源于标准通用标记语言，可扩展标记语言和标准通用标记语言都是能定义其他语言的语言。XML 最初设计的目的是弥补 HTML 的不足，以强大的扩展性满足网络信息发布的需要，后来逐渐用于网络数据的转换和描述。关于 XML 的好处和技术规范细节这里就不多说了，网上有很多资料，也有很多书籍可以参考。

可扩展超文本标记语言（缩写为 XHTML）。现推荐遵循的是万维网联盟于 2000 年 1 月 26 日推荐 XML1.0。XML 虽然数据转换能力强大，完全可以替代 HTML，但面对成千上万已有的站点，直接采用 XML 还为时过早。因此，我们在 HTML4.0 的基础上，用 XML 的规则对其进行扩展，得到了 XHTML。简单地说，建立 XHTML 的目的就是实现 HTML 向 XML 的过渡。

2）表现标准语言编辑。层叠样式表（缩写为 CSS）。现推荐遵循的是万维网联盟于 1998 年 5 月 12 日推荐 CSS2、CSS3 已发布，主流浏览器正在逐渐支持，程序员也开始利用 CSS3 代替以往冗长的旧代码。万维网联盟创建 CSS 标准的目的是以 CSS 取代 HTML 表格式布局、帧和其他表现的语言。纯 CSS 布局与结构式 XHTML 相结合能帮助设计师分离外观与结构，使站点的访问及维护更加容易。

3）行为标准编辑。文档对象模型（缩写为 DOM）根据 W3C DOM 规范，DOM 是一种与浏览器，平台，语言的接口，使得你可以访问页面其他的标准组件。简单理解，DOM 解决了 Netscaped 的 Javascript 和 Microsoft 的 Jscript 之间的冲突，给予 web 设计师和开发者一个标准的方法，让他们来访问他们站点中的数据、脚本和表现层对象。

ECMA Script ECMA Script 是 ECMA 制订的标准脚本语言（JAVA Script）。现推荐遵循的是 ECMA Script 262。

（4）前后端分离技术。前后端分离是一种架构模式，前端只需要做好人机交互界面、页面效果和数据交互，后端只需要做好各业务应用处理、数据处理和按照约定数据格式向前端提供可调用的 API 服务；前端通过统一身份认证平台进行授权认证，前端通过向后端服务发送 HTTP 请求来进行数据的交互，后端针对每个 HTTP 请求都需要进行身份和权限的验证；后端服务采用微服务架构，针对不同业务可进行独立的集群部署，满足大规模的数据请求，API 服务的应用满足于多屏多端而后端只需要进行一次编码。

（5）三维建模。三维建模是一种通过软件来实现三维模型建立的技术手段，通过对空间对象的三维模型建立,用户可以直接从三维概念和构思入手,通过模型实现分析与评价。随着近几年来"数字地球"和"数字城市"的提出，计算机技术和信息技术等高新技术的快速发展，三维仿真技术也得到迅速推动，三维建模软件的功能也越来越强大，并在高技术的发展中越显其重要作用，能够应用在各个领域。

三维模型是三维 GIS 中不可或缺的要素之一，是构成三维场景的一大要素。三维建模工作极其繁琐、复杂，需要耗费大量的人力物力。目前流行的三维建模工具有很多，知名的有 3D Max、Soft Image、Sketch Up、Maya、UG 以及 Auto CAD 等。本书采用 3D Max 软件来创建三维模型，在 3D Max 中建立的三维地物模型结构细致、纹理清晰，可以达到精确描述地物的目的。

3D Max 是一种可以精细建模的三维造型和动画软件。该软件建立三维模型得步骤是首先从 AutoCAD 中导入三维模型的轮廓线，然后利用提供的三维工具对轮廓线进行三维拉伸以及对模型进行纹理贴加。若要使三维模型的外观表现得更为精细逼真，可使用软件自带的光影工具生成各个角度的透视效果。它与同类动画设计软件相比有许多独特的特点更为简便的动画效果制作，更为实用的材质贴图，以及丰富多样的模型拉伸功能和制作特技动画的功能。除此之外，还有各种高效、快捷、方便的建模方式与工具。提供了表面建模工具、多边形建模、放样、NURBS 等方便有效的建模方法，具有很好的特殊效果处理与渲染能力。除此之外，3D Max具有丰富的多边形工具组件和坐标贴图的调节能力，此软件具有可操作性强、直观、方便易学、建造的三维模型逼真、外观材质质感强等优点。

（6）杆塔导线体系风荷载仿真技术。输电杆塔是风敏感结构，杆塔风荷载的取值对输电铁塔结构的影响至关重要，其中包括了杆塔塔身以及横担风荷载和导地线风荷载两部分。该技术使用OPENSEES、OSLite以及Qt等软件可实时对接气象局提供的风速风向进行同步模拟仿真，甚至可根据台风天气预估路径提前模拟出杆塔抗风情况。

在电力行业标准DL/T 5551—2018《架空输电线路荷载规范》中0°、45°、60°及90°的基本风速杆塔风荷载计算需要扩展到全角度任意风速风向的计算，才能满足目前对现实杆塔环境的模拟与仿真。同时引入全局坐标系中的杆塔方位角，得到全局坐标系风荷载分量，以此进行完整线路批量化计算。最后还实现了杆塔风荷载在杆塔顺导线方向的杆塔单元坐标系与全局坐标系中的互相转换，分别可满足有限元分析与批量化分析的情况。

全局坐标系可以将正北方向或正南方向作为基准，如图3-5所示。

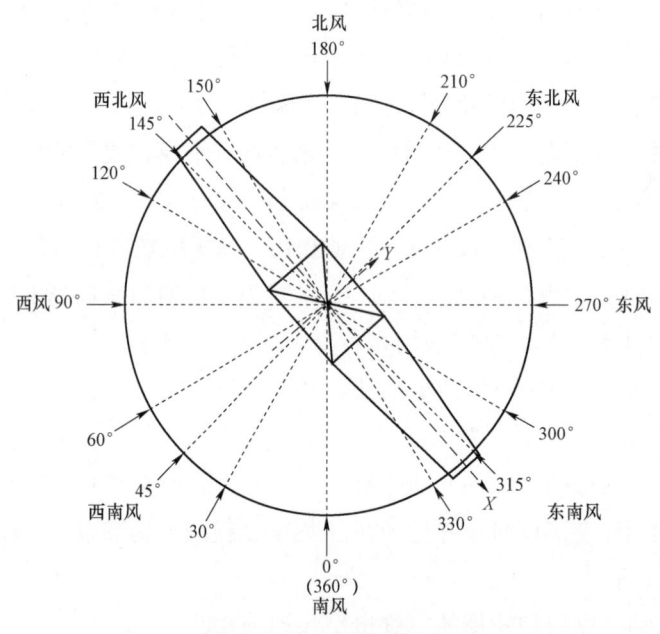

图3-5 全局坐标系

输电线路中塔线体系导地线风荷载的计算使用OPENSEES以及OSLite等软件，自动生成全局坐标系下0~360°全角度风作用下的多塔型风荷载。输电线路塔线体系的设计及仿真试验逐渐朝着精细化方向发展，个别风向角度下的导地线风荷载无法满足工程实际需求，同时需要考虑线路转角与风向角的结合，如图3-6所示。因此，如何获取全角度风作用下的考虑多种塔型的导地线风荷载至关重要。

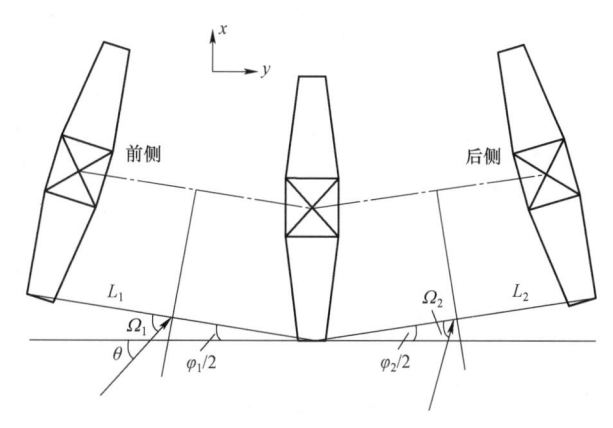

图 3-6 导地线风荷载的计算

① 根据规范与公式推导得到 0°～360°全角度风作用下的风荷载分配系数，以及垂直和顺导地线方向的风荷载。② 考虑线路转角，得到全局坐标系下风与导地线的夹角，得出线路前侧和线路后侧全角度风作用下的风荷载计算方法。③ 将导地线的线条分成 n 个无限小的线条单元，利用线积分或近似简化计算得到整个线条的风荷载，自动生成整个塔线体系的导地线风荷载。

将塔身风荷载与导地线体系风荷载结合，生成整体杆塔导线体系风荷载的实时模拟仿真，接入气象局提供的风速风向后可开始同步孪生仿真出杆塔情况（见图 3-7）。

图 3-7 杆塔模拟仿真效果

3.3.2.4 平台资源需求

平台资源需求清单见表 3-1。

表3-1 平台资源需求清单

资源名称	规格	备注	与云平台部署要求偏差
ECS	数量：1台 内存：16GB CPU：8核 存储：200GB 操作系统：CentOS 7.5	仿真计算服务	满足云平台现有组件要求
应用服务器	数量：1台 内存：16GB CPU：4核 存储：100GB 操作系统：CentOS 7.5 应用环境：JDK 8	应用服务	满足云平台现有组件要求
云数据库RDS	Mysql 5.7 CPU：4核 内存：16GB 存储：500GB	应用数据库	满足云平台现有组件要求
云数据库Radis	存储：500GB	缓存数据库	满足云平台现有组件要求
对象存储OSS	存储：2TB	部署静态资源（如影像、地形、点云、倾斜摄影、精细化模型等数据）	满足云平台现有组件要求

项目基本情况介绍，嘉湖通道线路总长1071.3km，运行杆塔为2535基，物理杆塔为1875基，线路数量为6条。

（1）ECS。作为仿真数据处理服务器，需要对大量仿真数据进行转换，1条线路1个耐张段的1个工况的原始数据约20M，目前6条线路共约300个耐张段、23个工况。6条线路数据约为20M×300×23≈134G，数据量比较庞大，数据处理需要服务器较高的数据处理性能。

（2）应用服务器。用于部署架空输电线路数字孪生应用服务器。

（3）云数据库RDS。作为应用数据库服务器使用，6条输电线路基础数据、历年运行数据、监测数据及基于各类数据分析、预警成果统计和仿真计算数据存储每年预计100GB，当前资源可支撑5年数据。

（4）云数据库Redis。作为用户鉴权，提升系统性能，缓存热点数据使用的数据库服务器，将5大场景历史数据做数据缓存，每个场景历史数据约为60GB，预计未来需要5×60GB=300GB。

（5）对象存储OSS。静态资源服务器，用于存储影像、地形、点云、倾斜摄影、精细化模型等数据，下图为当前可预估静态资源数据存储需求，结合嘉湖通道场景预测未来数据大小为1100GB，ECS处理后的结果数据为134×1.2=160GB，预计未来需要1260GB。

预估静态资源存储需求见表3-2。

表 3-2　预估静态资源存储需求

序号	类型	名称	需要空间	描述	测算信息	单位量	测算大小（GB）	说明
	总计		约为 288GB	现有数据占用空间大小	测算可能的增长或当前不能明确的数据		1110	
1		全国基础离线影像	2.41GB	影像精度：20m；切片层级：0~10级；范围：全国			10	
2	影像、地形	嘉湖通道影像	22GB	影像精度：0.5m；切片层级：10~18级；范围：大约当前嘉湖通道167km×55km		1km×1km-0.5m：约为23.02MB；1km×1km-1m：约为18.65MB；1km×1km-5m：约为10.97MB；1km×1km-10m：约为9.3MB	50	
3		嘉湖通道地形	787MB	切片层级：0~16级；范围：大约为167km×55km	当前地形高程数据和18级切片条件下	1km×1km：约为0.2MB	2	嘉湖通道约为167km×55km
4	点云	点云	239GB	范围：大约为167km×55km；数据来源：为当前嘉湖通道的5条输电线路数据	1个6基杆塔的廊道段点云大小约为120MB，嘉湖通道约为1857基杆塔	1基杆塔周边约为：20MB	300	嘉湖通道大约为1857基杆塔
5	倾斜摄影	倾斜摄影	3.05GB	安塘线144~149号通道倾斜摄影；大约38基杆塔	1基杆塔的倾斜摄影范围约为82MB，嘉湖通道约为1857基杆塔	1基杆塔约为：82MB	153	嘉湖通道大约为1857基杆塔
6	精细模型	杆塔精细模型/安塘线/复奉线/葛南线/锦苏线	1.9GB	38基杆塔	现有数据中1基杆塔最小为7.4MB，最大为98MB；现有数据中1个绝缘子串最小为6.3MB，最大为82.9MB；现有数据中1个金具最小为1.11MB，最大为1.44MB	1基杆塔约为：98MB；1个绝缘子串约为：82.9MB；1个金具约为：1.44MB	182	嘉湖通道约为1857基杆塔
7		其他系统精细模型	277MB	杉树、杨树、樟树、柱子、房屋、无人机			10	

续表

序号	类型	名称	需要空间	描述	测算信息	单位量	测算大小（GB）	说明
9	GIM	GIM	444MB	安塘线：173 基杆塔	现有数据中 1 基杆塔最小为 1.2MB，最大为 11MB，故取 11MB 每基，得出嘉湖通道内的 1857 杆塔的大小为 21GB；现有数据中 1 个绝缘子串最小为 7MB，最大为 20MB，故取每个 20M，得出涉及绝缘子串为 38GB；现有数据中 1 个金具最小为 380kb，最大为 380kb，故取每个 380kb，得出嘉湖通道内的 1857 杆塔的金具为 742.8MB	1 基杆塔约为 11MB；1 个绝缘子串约为 20MB；1 个金具约为 380kb	60	嘉湖通道约为 1857 基杆塔
10	仿真数据	杆塔风偏	148MB	38 基杆塔仿真结果大约为 148MB	每基约为 3MB 左右，得出嘉湖通道内的 1857 杆塔的金具为 742.8MB	1 基杆塔约为 3MB	6	嘉湖通道约为 1857 基杆塔
11		力学仿真模型	79MB	一基杆塔，7 种工况仿真	一基杆塔一种工况大小约为 11MB，得出嘉湖通道内的 1857 杆塔所有杆塔	一基杆塔一种工况下约为 11MB	21	嘉湖通道约为 1857 基杆塔
12		仿真计算	1.9GB	23 种工况，6 基杆塔	一基杆塔一种工况约为 16MB 左右，若计算 1 种工况下所有杆塔	一基杆塔一种工况下约为 16MB	30	嘉湖通道约为 1857 基杆塔
13	3dtiles	单塔模型	457MB	一基杆塔 5 种状态精细化模型	一基杆塔一种工况约为 92MB 左右，若计算 1 种工况下所有杆塔	一基杆塔一种工况下约为 92MB	170	嘉湖通道约为 1857 基杆塔
14	风险隐患影像	风险隐患影像	16GB	3 期影像，范围大概覆盖 4 条线 120 基杆塔周边影像情况 0~18 级	考虑覆盖嘉湖通道全线时，一期嘉湖通道，切片数据从 10~18 级		16	嘉湖通道约为 167km×55km
15	视频监控	视频监控			暂无数据，更新频率、存储时间、文件大小等不大清楚			
16	监拍图片	监拍图片			暂无数据，更新频率、存储时间、文件大小等不大清楚		100	
17	其他监测历史数据	其他监测历史数据			暂无数据，更新频率、存储时间、文件大小等不大清楚			
18	六大监测中心专题图	六大监测中心专题图			暂无数据，更新频率、存储时间、文件大小等不大清楚			

3.3.2.5 系统架构

（1）总体架构。项目总体架构分为业务层、服务层、通用平台、数据层、基础信息设施，其功能架构如图3-8所示。

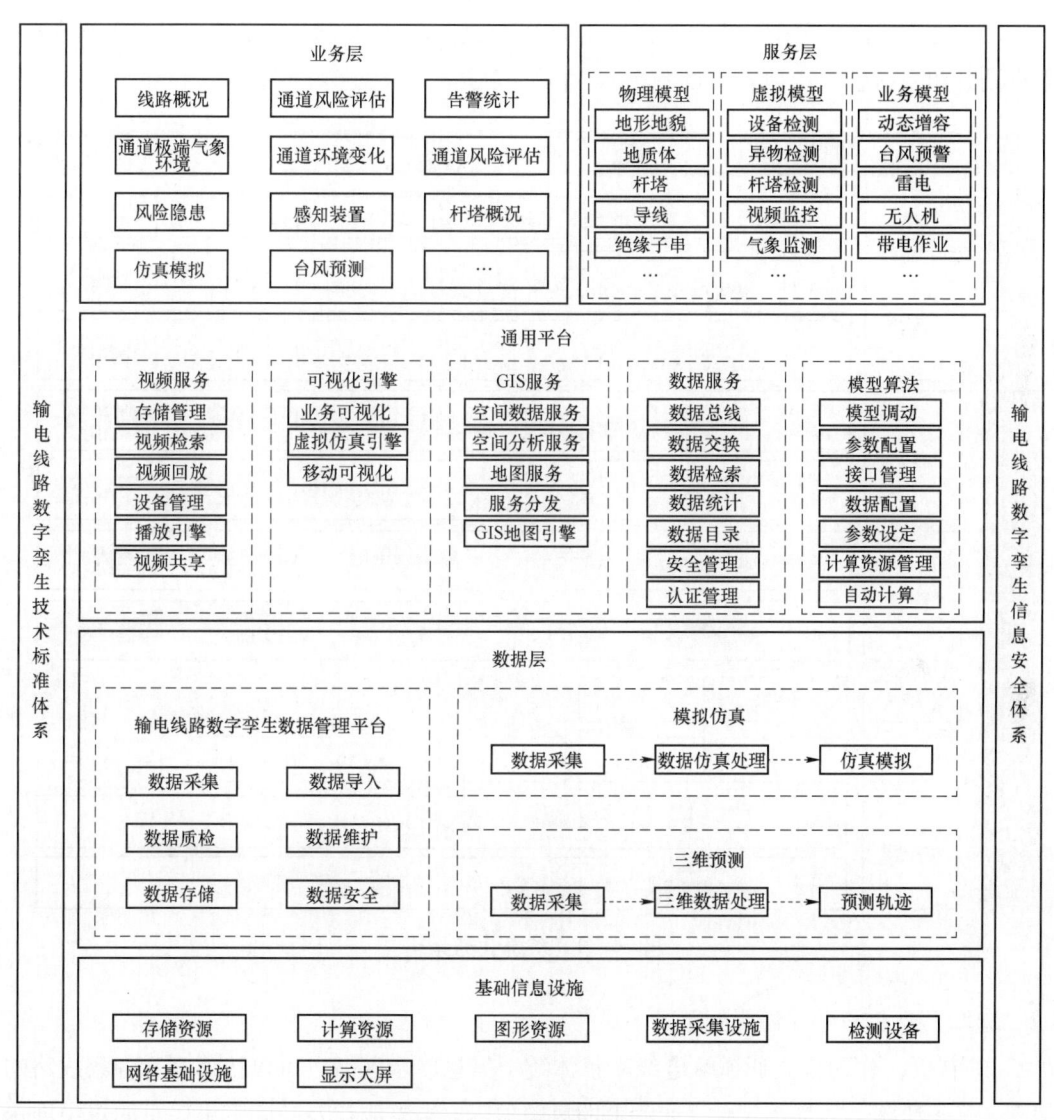

图3-8 系统总体架构

1）业务层：用户操作区域，业务数据集成展示，三维图像展示、气象预测、轨迹预测等业务成果的展示窗口。

2）通用平台：为平台提供视频服务，可视化引擎，GIS处理模块服务，平台安全体系，数据交换，模型算法等平台核心模块，是整个平台的大脑中枢，做统一协调服务。

3）数据层：作为平台数据采集、数据转换服务中心，将从全景智慧平台，智慧中台获取到零散的结构数据后，经过一系列仿真处理，预测处理等信息转换成可以为业务中台展示使用的标准格式化的展现数据。

4）基础信息设施：该板块主要涵盖所有数字孪生平台所涉及的外部设备，如存储资源、服务器、检测设备、网络基础设备、显示大屏等资源。

（2）业务架构。项目业务主要分为首页、生命档案、运行状态、前摄诊断、策略支持、重点场景和系统管理等内容，如图3-9所示。

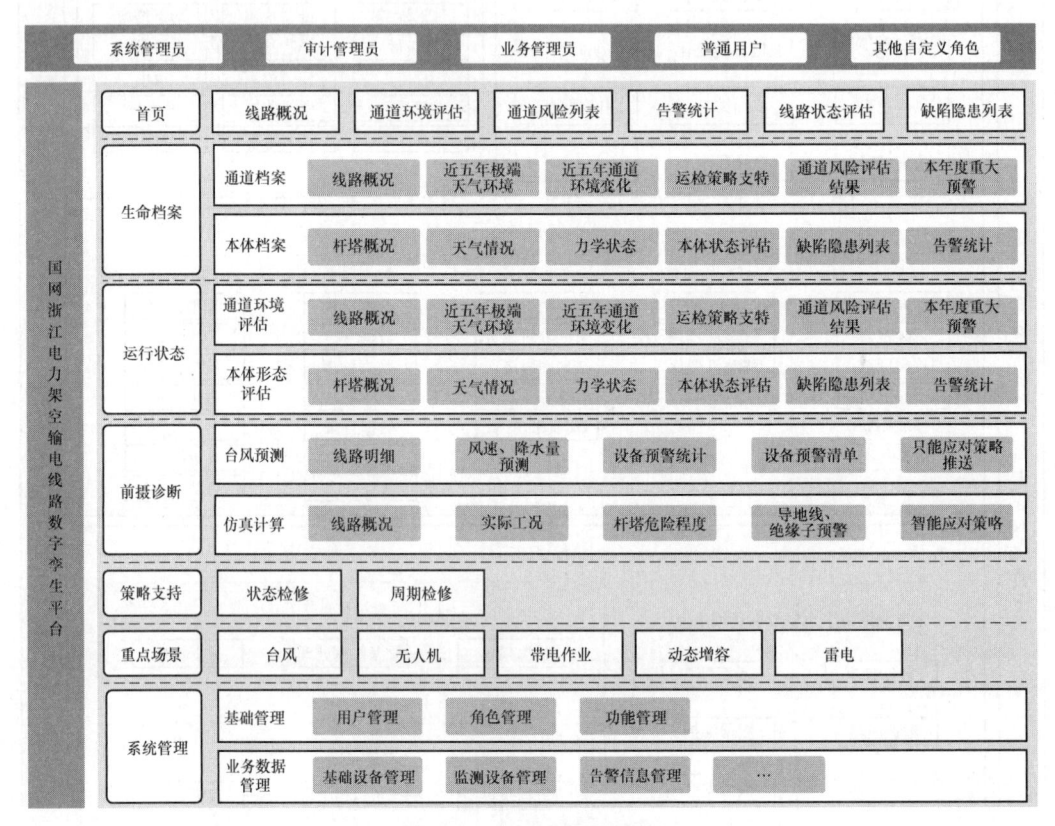

图3-9 系统业务架构

选取主要业务进行说明如下。

1）首页：作为嘉湖通道输电线路整体统一信息展示区域，可以快速查看各条线路的情况，每条通路上的环境评估，通路上的风险展示，告警统计及缺陷隐患信息的集中展示区域。

2）通道档案：通道档案模拟数据实现了嘉湖通道中的中的历年通道极端气象环境变化、通道环境风险隐患变化、通道风险评估、本年度重大预警及运检策略支持信息呈现，并在三维场景下仿真模拟了如树线放电、机械外破、异物等风险隐患分布和视频、微拍、无人机等感知装置分布情况，以及通过在三维场景下加载了精细化模型和通道线路信息等。

3）本体档案：本体档案模拟数据实现了针对单个杆塔周边悬挂的所有设备、天气情况、力学状态、本体状态评估，缺陷隐患列表，告警信息统计等信息呈现，并结合历年检修状态进行分析展示检修状态和力学状态信息。

4）通道环境评估：基于实际工况环境下对通道影响情况，并分析风险隐患、感知装置、电网环境专题等预警情况，提供相关的运检策略等。

5）本体形态评价：基于当前实况气象工况，仿真模拟当前输电线路情况，选择某基杆塔查看当前杆塔情况与历年力学状态，评估当前本体状态、缺陷隐患情况与告警情况。

6）台风预测：基于气象环境预测数据（如台风、地质灾害、洪水、降水、风场等），预测相应气象工况下对输电线路及杆塔造成的风险（如导线风偏、倒塔、地灾、断线、异物、引流线风偏等），并分析设备预警情况和提供智能应对策略。

7）仿真计算：基于各类实况或模拟预测气象环境变化工况，仿真计算耐张段及周边通道各工况情况下塔线体系情况，得出相关杆塔、绝缘子等预警内容，并提供应对策略。

8）状态检修：基于系统预警的结果进行检修内容、检修策略生成计划方案。

9）周期检修：基于系统运行情况，生成周期检修计划和方案。

（3）应用架构。项目应用架构分为基础设施层、数据层、通用平台层、服务层、应用层，如图3-10所示。

应用系统完成指定任务而提供必要的相关服务接口功能，主要包括平台管理服务、仿真计算服务、外部接口服务等，各服务的职责描述见表3-3。

（4）技术架构。项目业务基于浙江一体化云平台对系统功能进行基础资源管理，利用阿里云OSS、RDS等基础设施进行平台基础环境建设，基于服务层对各类应用提供支撑，以三维基础底座呈现孪生复刻、仿真与反演等可视化应用，如图3-11所示。

1）应用层：用户操作页面，用户使用本系统的入口。

2）服务层：平台承上启下的层，遵循面向接口的编程思想，整合持久层数据、外部接口数据，按业务层逻辑需要的整合各领域数据按业务层标准数据结构传递给业务层展示，作为数据传递、整合的中枢控制中心。

3）数据模型层：对完整物理空间的各个要素和实体进行逐级拆解与组织，完成数字信息解析，以数字模型方式完成数字空间展示真实要素的过程。

4）基础设施层：当前主要用到了RDS，OSS，和一体化云平台作为平台运行的基础支撑组件。

5）安全防护：采用不同级别的安全防控，对数字孪生平台进行全方位的安全防控措施，确保信息准确无误的传达给需要使用的人。

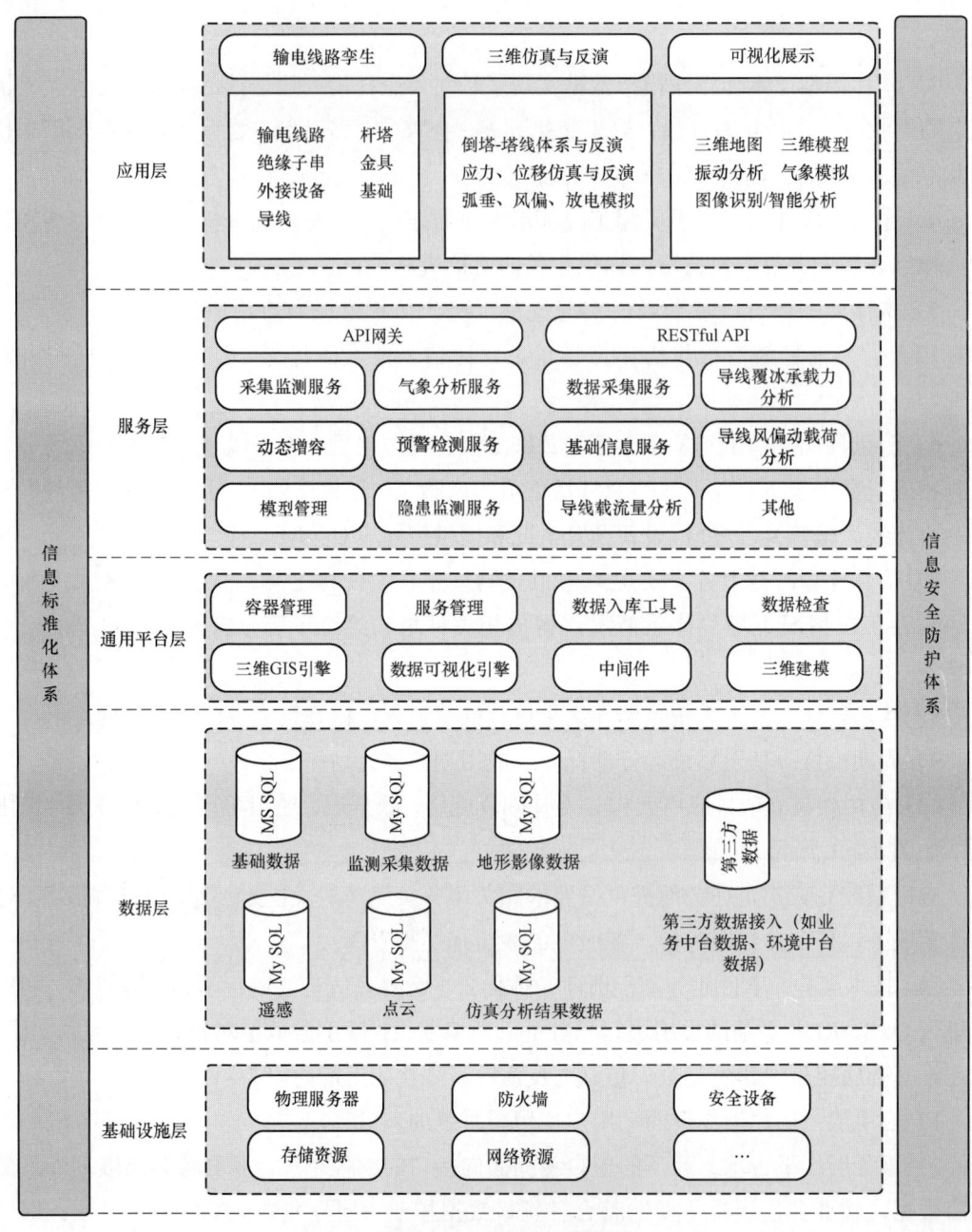

图 3-10 应用架构图

表 3-3 服 务 清 单 表

分项	职责描述
平台管理服务	提供平台系统管理功能,并提供平台页面展示、操作业务数据的功能
仿真计算服务	提供杆塔模型仿真数据服务
地图服务	提供平台展示地图及成图服务所需地图的地图瓦片数据功能
外部接口服务	提供对接"电网资源业务中台""电网环境中台"等接口的功能

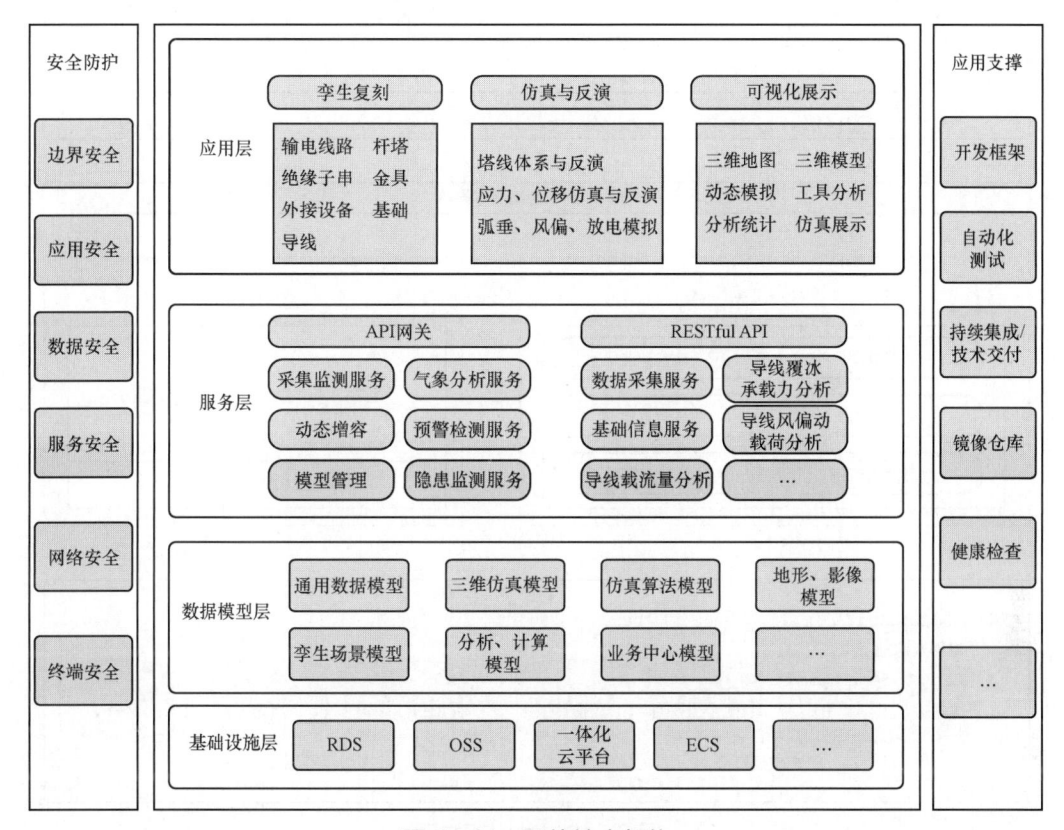

图 3-11 系统技术架构

6) 应用支撑：为了满足系统稳定运行，对平台健康检查，持续集成等所有运维工作所做出的支撑服务。

（5）数据架构。业务服务层为项目提供完备的数据资源、高效的数据计算能力及统一的运行环境。业务服务层里的各子系统提供标准接口供相关模块调用。数据在展示层录入，并通过服务层对应的子系统的处理加工后保存到数据层，或从数据层获取通过服务层对应的子系统的处理加工后在展示层呈现，或根据业务的需要通过"中台服务"同步到内网其他系统。数据架构如图 3-12 所示。

1) 数字孪生业务库：来自各个已建成的输电线路基础信息数据以及设备检测数据，包括外部的环境检测数据等数据源。

2) 数据服务：数据通过各个业务系统获取到数据，经过业务数据组装服务、模拟仿真服务、三维计算服务、轨迹预测服务将处于各个离散数据统一处理后进入数据孪生平台的数据仓库，地形数据解析，点云数据解析根据业务特定逻辑进行初步的数据处理，并将不同数据量级别的数提供给前端用户展示使用。

3) 实时计算：获取全景智慧平台实时数据，通过特定业务逻辑进行实时计算并将数据结果反馈到前端给用户展示。

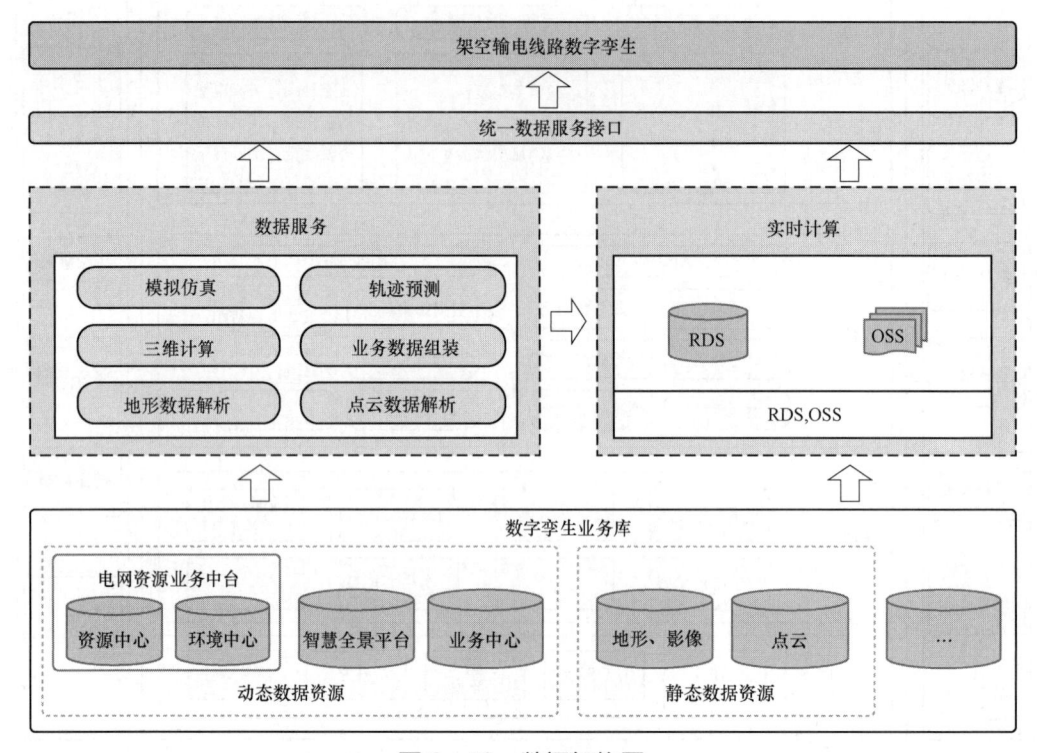

图 3-12　数据架构图

（6）部署架构。架空输电线路数字孪生系统作为输电智慧全景展示平台中的一个模块单独部署于浙电一体化云平台，通过接口方式与供电服务系统、电网资源业务中台现数据交互。总体部署架构如图 3-13 所示。

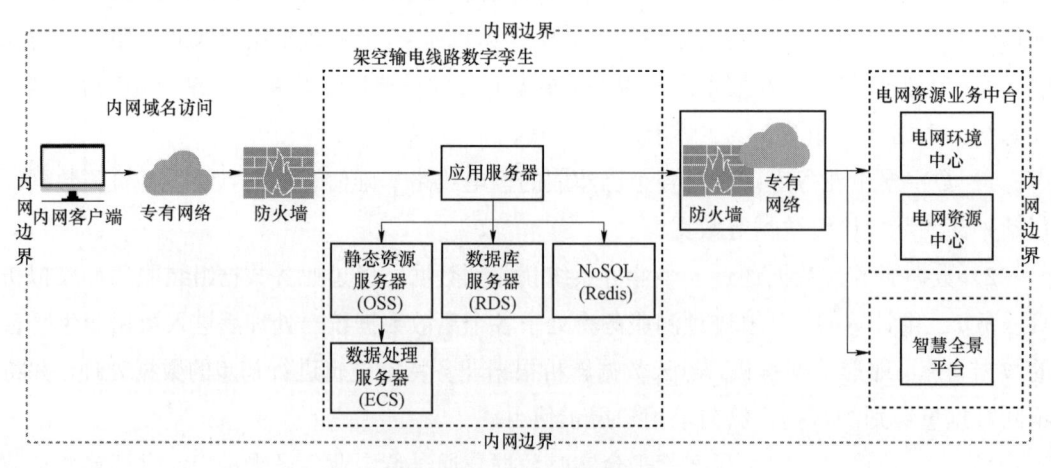

图 3-13　总体部署架构

（7）集成架构。系统集成通道上基于已建成的浙江云平台基础组件，并借助于OSS、RDS进行数据管理与静态资源存储，复用已有的通道能力，避免重复建设；同时借助于业务中台数据接口服务，利用已有数据资源进行系统数据的轻量化建设与使用。系统集成架构如图3-14所示。

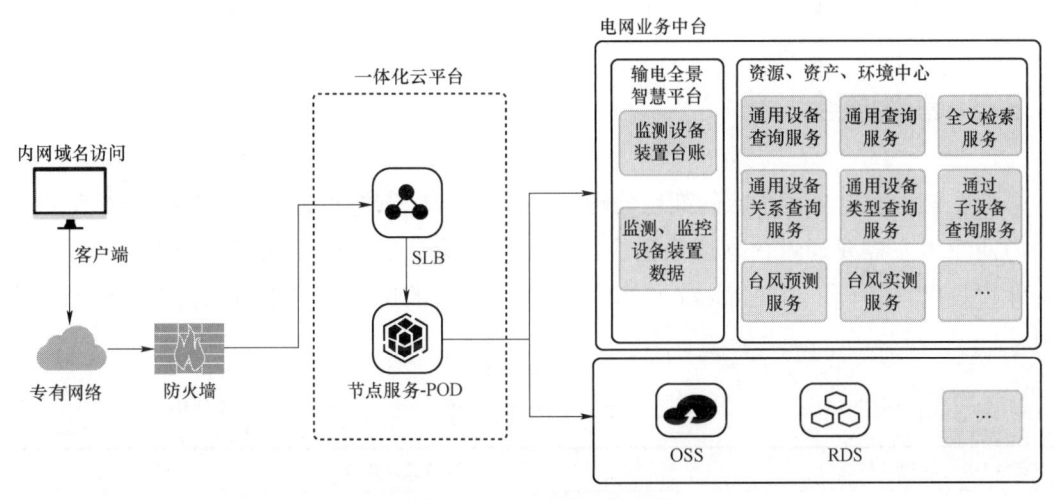

图3-14 系统集成架构

（8）安全架构。系统遵循国家等保要求及公司信息安全防护总体框架体系，基于浙江一体化云平台进行内容部署实施，通过内网防火墙、安全验证等方式对信息进行隔离防护，保障平台应用安全，具体如图3-15所示。

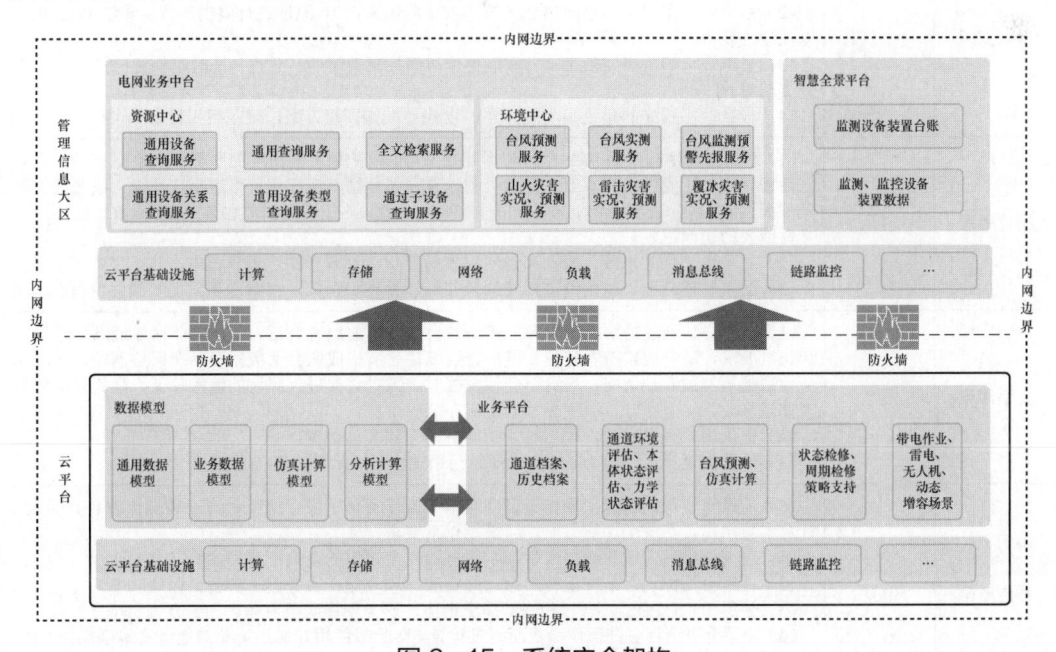

图3-15 系统安全架构

1）管理信息大区：作为数字孪生平台业务基础数据来源的业务中台和全景智慧平台，其运行环境属于单独运行的监控系统，这些信息是由其他供应商为公司提供的设备监控系统。

2）防火墙：作为信息传递安全官，为数据安全传递提供核心保障。

3）云平台：数据孪生平台部署运行中心，为数字孪生平台正常运行提供基础保障。

3.3.3 应用安全

基于公司输电全景平台的架空输电线路数字孪生模块建设开发及实施用 B/S 结构的内网应用。需要通过内网应用的应用安全功能设计，保证合法的内网用户访问，防止非授权用户访问，降低系统在应用层面遭受攻击的风险，保证应用自身的安全（见表 3-4）。

表 3-4 应 用 安 全

安全要求	遵从情况	实现方式及措施
身份认证	遵从	（1）系统提供用户名/口令方式进行身份验证。 （2）密码长度下限不得少于 8 位，上限不得多于 20 位，支持数字及字母搭配组合。 （3）系统采用 SSL 加密隧道确保用户密码的传输安全，采用单向散列值在数据库中存储用户密码，并使用强密码。 （4）在生成单向散列值过程中加入随机值，降低存储的用户密码被字典攻击的风险
权限控制	遵从	（1）根据系统访问控制策略对受限资源实施访问控制，限制客户不能访问到未授权的功能和数据。 （2）后台管理采用黑名单或白名单方式对访问的来源 IP 地址进行限制，防止非法 IP 的接入以及地址欺骗。 （3）采用统一的访问控制机制，保证整体访问控制策略的一致性；同时确保访问控制策略不被非法修改。 （4）根据应用程序的角色和功能分类，设计详细的授权方案，确保授权粒度尽可能小
配置管理	遵从	（1）避免在应用程序的 Web 空间使用配置文件，以防止可能出现的服务器配置漏洞导致配置文件被下载。避免以纯文本形式存储机密配置，如数据库连接字符串或账户凭据。应通过加密确保配置的安全（例如 Machine.config 与 Web.config），然后限制对包含加密数据的注册表项、文件或表的访问权限。 （2）对配置文件的修改、删除和访问权限的变更，都要详细记录到日志。 （3）配置管理功能只能由经过授权的操作员和管理员访问，在管理界面上实施强身份验证
会话管理	遵从	（1）在用户认证成功后，为用户创建新的会话并释放原有会话，创建的会话凭证满足随机性和长度要求，避免被攻击者猜测。用户登录成功后所生成的会话数据存储在服务器端，并确保会话数据不能被非法访问，当更新会话数据时，应对数据进行严格的输入验证，避免会话数据被非法篡改。 （2）提供用户登出功能，登出时注销服务器端的会话数据。 （3）设置会话存活时间为 15min，超时后销毁会话，清除会话的信息
参数操作	遵从	主要的操作参数威胁包括操作查询字符串、操作窗体字段、操作 cookie 和操作 HTTP 标头，针对参数操作，在安全功能方面，应满足以下要求： （1）避免使用包含敏感数据或者影响服务器安全逻辑的查询字符串参数。 （2）使用会话标识符来标识客户端，并将敏感项存储在服务器上的会话存储区中。 （3）使用 HTTP POST 来代替 GET 提交窗体，避免使用隐藏窗体。加密查询字符串参数。 （4）确保用户没有通过操作参数而绕过检查，防止最终用户通过浏览器地址文本框操作 URL 参数。 （5）限制可接受用户输入的字段，并对来自客户端的所有值进行修改和验证

续表

安全要求	遵从情况	实现方式及措施
日志与审计	遵从	用户访问信息系统时，对登录行为、业务操作以及系统运行状态进行记录与保存，保证操作过程可追溯、可审计，确保业务日志数据的安全。系统主要提供以下日志： （1）系统日志：使用 Apache 提供的日志操作包 Log4j 程序，将系统的启动和停止、系统执行信息、错误日志等消息输出到应用服务器的 log 日志中。 （2）访问日志：记录用户的登录行为和访问过程，包括用户 ID、操作类型、操作时间、session 标志、访问菜单等信息
加密技术	遵从	密码加密：使用非对称加密技术，使用单向散列算法。目前常用的单向散列算法有 MD5、国密和 SHA1，由于 MD5 算法现在存在安全隐患，采用国密算法的方式

3.3.4 数据备份

系统后台数据采用 mysql 数据库。为了保证系统数据的安全，采用如下备份方式：
（1）全量备份：通过 mysql Export 工具，全库导出 My SQL 数据，作为全量备份。
全量备份周期：每 1 周作 1 次全量备份，保留最近 4 周的全量备份数据。
（2）增量备份：通过导出 mysql LOG 增量文件，作为增量备份。
增量文件以 4M 为一个文件，保留最近 6 周的增量数据。

3.3.5 非功能需求

（1）响应时间需求。系统操作响应相应时间：
1）首次打开：界面打开响应时间为 60s 以内。
2）更新处理时间：功能操作提交更新的时间为 10s 以内。
（2）稳定性需求。要求系统可以容许 7×24h 连续运行。
（3）开放性需求。系统要求支持多种软、硬件平台，采用先进通用软件开发平台开发，具备良好的可移植性。采用标准开放接口，支持与其他系统的数据交换和共享，支持与其他商品软件的数据交换。
（4）可靠性需求。
1）容错性：用户输入非法的数据或不合理的操作，不会造成系统崩溃或引起数据的不完整。客户端在不同的操作系统下或不同的硬件配置下，都能正常工作，也不会因为用户在系统装了不同的软件，造成本产品的工作不正常。
2）可靠性：提交给用户的最终产品在 6 个月的运行期间，不能有致命错误，严重错误不超过 5 次，一般错误不超过 15 次。
3）可恢复性：当系统出现故障或机器硬件出现断电等情况，系统应该能自动恢复数据和安全性等方面的功能。

（5）易用性需求。

1）易懂性：用户能够容易的理解该系统的功能及其适用性。

2）易学性：该系统简单易学，容易上手。

3）易操作性：具备良好的用户交互界面，使用户容易操作。阻止用户输入非法数据或进行非法操作，对于复杂的流程处理，系统提供向导功能，可随时给用户提供使用帮助。

（6）正确性需求。要充分考虑数据的一致性和完整性（实体完整性、域完整性、参照完整性），保证数据库记录数据100%正确，同时要求呈现给用户数据也要100%的正确。

（7）可复用性需求。软件模块的设计应有良好的可复用性。

（8）可维护性需求。随着设计数据的不断增长，系统可以很容易地扩充数据库和通信链路使业务容量的增加。另外系统能方便平滑地升级。

（9）可测试性需求。产品的单元模块和最终产品的功能都是可验证和可测试的。

（10）适应性需求。保证软件产品能很好地进行功能扩充，在原来的系统中增加新的业务功能（如实现消息发送等），可方便地加入，而不影响原系统的架构。

4

两个班组建设

4.1 数字化班组建设

4.1.1 工作目标和思路

(1) 工作目标。以电网资源业务中台建设为基础，深入剖析输电业务体系及信息化支撑面临的问题，继承当前信息化、数字化建设成果，应用移动终端、实物ID、带电检测、在线监测、物联传感器等新装备，提升机器人、无人机等智能装备现场利用率，推进设备状态可视化、班组业务在线化、运检作业移动化建设，借助图像智能识别等人工智能技术，实现设备状态智能研判、现场作业精准管控、管理决策协同高效。

2021年各试点班组率先实现数字化转型，2022年公司全面建成设备运检数字化班组，业务数字化率达到95%。

(2) 工作思路。认真贯彻落实公司数字化转型建设工作要求，以PMS3.0和电网资源业务中台为支撑，按照贴近基层、贴近设备的原则，深化"大云物移智"信息通信新技术与传统电网技术融合，打造实用高效的数字化班组新平台，建立统一完善的信息交互、作业标准规范，拓展业务系统集成应用和数据贯通应用，推进班组业务管理模式的数字化转型，从安全、技术、作业、管理等方面数字化赋能班组，加快运维装备智能化升级、管理数字化转型。

4.1.2 整体路线

贯彻落实"状态感知、全景监控"的新一代输电线路示范工程建设要求，有序推进智能运检管控平台（输电全景智慧管控应用群）以下简称"输电全景平台"、智能运检管控平台（高压电缆精益化管理应用群）以下简称"精益化平台"、互联网大区输电微服务微应用、移动终端 App 等重点业务的功能完善和中台化演进，实现输电专业数据的集约化、规范化管理和互联互通应用，结合管理信息大区、互联网大区，实现与各部门、各专业间资源和数据共享应用，深度挖掘数据价值，提升状态信息实时感知、电网风险预警及智能辅助决策能力，支撑班组数字化业务建设。

4.1.3 建设内容

按照"依靠基层、面向基层、建设基层"的原则，注重基层的首创精神，激发班组的创造力，提出满足业务实施的应用 App 需求，充分利用实物 ID、无人机、机器人、移动终端等建设成果，推动数据采集、共享，切实发挥信息系统、先进装备作用，推进数字化与班组高频次业务有机结合，有效提高班组工作质效。

（1）数字化输电运维（运检）班。数字化输电运检班主要负责基础数据维护管理、移动巡检作业、无人机协同自主巡检、远程智能巡视、状态智能感知、智能检修检测等工作。班组主要建设内容如下：

1）基础数据维护管理。

a. 提升基础数据完整性、准确性。班组人员借助 PMS 系统和输电全景平台核查工具、台账维护超期限提醒功能开展基础数据校验核查，对错填漏填项修改完善；全面配置移动终端，巡视作业人员现场利用移动终端查询、核对、维护基础台账及履历信息，实现基础数据完整性、准确性达到 100%。

b. 实现设备台账同源维护。班组人员利用同源维护套件在输电全景平台基础台账管理模块开展新、改、扩建输电线路设备台账和图形维护、参数导入，基于电网资源业务中台，贯通发展、基建、物资及运检的系统数据，实现新、改、扩建输电线路设备台账参数表、三维设计模型、设备实物 ID 等 17 项数字化成果共享和同源维护。

2）工作票在线办理。

a. 人员资质、职责在线管理。在输电全景平台人员信息管理模块登记维护作业人员资质、职责信息；工作负责人或稽查人员现场借助移动终端人脸识别或身份证扫描，实现人员资质在线校核、职责确认线上流转。

b. 工作票全过程在线办理。结合输电全景平台检修计划，创建检修工作任务，工作负责人根据工作任务在平台端编制工作票；工作票签发人在平台端或移动终端进行审核、补充、退回、签发等操作；工作许可人进行当面许可或电话许可，工作负责人在移动终端记录许可时间；作业中，作业人员现场安全措施可拍照上传；检修工作结束后，工作负责人在移动终端填写工作完成情况、工作结束时间，办理工作终结；经相关人员审核评价后，工作票线上回传归档至输电全景平台。实现工作票编制、签发、许可、终结、归档全过程在线办理。

c. 工作票自动统计分析。班组人员借助输电全景平台统计功能模块，以工作票为基础，开展人员工况、工期、作业任务的自动统计，基于电网资源业务中台，为设备运检成本自动分摊归集、班组数字化管理提供辅助支撑。

3）移动巡检作业。

a. 推进实物 ID 建设及应用。基于输电全景平台台账信息，结合移动终端及实物 ID 应用，巡视作业人员借助移动终端扫码现场实物 ID，对设备本体参数、设备履历信息开展查询、核对和维护。基于电网资源业务中台，完成各系统信息同步，确保账卡物一致；同时，通过移动终端与实物 ID 位置信息在线匹配，满足巡视人员现场"打卡"作业需求。

b. 深化移动巡视/检测业务。基于管控平台或移动终端，根据巡视/检测工作任务编制工作任务单并下达给工作负责人；工作负责人通过移动终端执行工作任务,根据推送的"班前班后会"工作单，现场交代工作任务、安全注意事项，工作班成员在线签字、确认后执行工作任务；巡视/检测工作完成后将巡视情况或检测情况报告录入移动终端，终结任务；运行专职（或班长）对已终结的任务单进行归档。同时管控平台可实时获取作业人员的工作轨迹和工作情况。

c. 深化移动检修业务。结合智能运检管控平台检修计划，创建检修工作任务，工作负责人根据工作任务在管控平台上编制工作票。检修作业前，工作负责人或小组负责人借助移动终端对工作班成员进行班前会安全、技术交底，工作班成员在线签字、确认后，开展检修作业。检修结束后，工作负责人或小组负责人在移动终端填写检修记录等信息，并办理终结。实现业务流程线上化、检修监管信息实时上传、检修记录现场填写、技术资料自动归档。

d. "知识库"实时调阅。基于电网资源业务中台，现场人员通过移动终端实时获取输电全景平台上的线路通道隐患及危险点信息、法律法规、运维规范，辅助现场人员开展电力安全宣传。

4）无人机自主巡检。

a. 提升无人机自主巡检智能化水平。推动无人机自主巡检规模化应用，实现无人机配置率不低于 2.5 架/百公里。依托无人机不间断巡检技术及机巢部署，建立高精度定位和三维点云模型数据库，制订统一规范的自主巡检航线标准，快速完成无人机航线规划，将无人机自主巡检率提升至 60%。组建全面完善的缺陷样本库，充分应用人工智能、大数据分析等相关技术，提高缺陷自主识别率和识别速度，实现无人机自主巡检智能化。

b. 打造立体协同巡检模式。基于输电全景平台周期巡视计划，班组长在互联网大区差异化巡检策略模块结合管辖线路实际地形情况，差异化分配无人机、人工、可视化巡视任务；工作任务实时推送相关作业人员开展巡视。人工巡视借助移动终端开展；可视化巡视由作业人员借助全景平台线上查看通道情况；无人机巡视借助站内机巢或直接到现场开展自主巡检,作业结束后巡视记录、巡检照片通过互联网大区存储,并借助互联网大区AI智能图像识别模块开展巡检照片自动识别,缺陷照片由作业人员确认后,巡视记录、缺陷结果等信息回传至输电全景平台进行巡视作业闭环。综合使用移动终端、通道可视化、无人机开展巡视作业,在线回传各类巡视结果,打造作业互补、信息互联的人机协同巡检新模式。

c. 推进特种无人机规模化应用。作业人员根据移动终端接收的作业任务类别,利用无人机红外检测、X光检测技术,开展复合绝缘子发热检测和耐张线夹压接部位探伤,减少作业人员登塔次数,降低作业风险;借助喷火无人机、照明无人机,实现异物快速处置和辅助夜间检修作业。

5) 输电通道远程智能巡视。

a. 提升通道远程智能预警能力。依托输电全景平台在线监测功能,综合应用自主智能诊断微拍、通道可视化、地线巡检机器人等远程监测设备,基于设备AI边缘计算能力,自主识别输电线路通道及周边环境等安全隐患(如异物、大型施工机械、山火等)。借助远程视频巡查,如发现山火等突发性事件,将事件推送移动终端提醒功能,通知就近运维人员开展现场处置,实现输电线路通远程智能预警和应急联动。

b. 深化点云数据应用。借助无人机自主巡航、通道可视化、在线监测等技术手段,结合点云数据、三维建模构建输电线路数字孪生环境,配置专业智能数据分析人员,开展线路通道保护区内的竹树隐患、交叉线、跨越物等安全分析和工况模拟,探索树木生长智能分析、设备劣化趋势等应用场景。

6) 状态智能感知。

a. 设备本体状态精准感知。综合微气象、故障诊断、可视化、拉力、杆塔倾斜、导线风偏传感器等在线监测装置的应用,规范化部署监测装置,通过对系统运行数据、缺陷、监测数据进行大数据挖掘分析,在输电全景平台中完成设备故障智能研判、设备状态在线评估,在移动终端中自动生成巡视计划,辅助班组长在互联网大区差异化巡检策略模块制定巡检任务,任务派发后,作业人员通过移动终端接收,开展精准巡视。

b. 自然灾害主动预警。基于国家电网六大监测预警中心中台化演进,监控人员结合输电全景平台中台风、覆冰等典型应用场景,实时监控有无自然灾害预警信息。在平台端若有预警信息,可创建工作任务,同时与应急车辆管理系统智能联动,辅助作业人员开展灾前通道清障、杆塔临时加固、灾中实时监测、灾后应急抢修,提升自然灾害防控多维感知水平。

7) 智能检修检测。

a. 深化智能检修装备应用。作业人员结合移动终端作业任务具体内容,借助喷火无人机、远程激光异物清除装置等智能检修装备,在塔下开展清除异物工作,工作结束后借助移动终端开展消缺照片上传,闭环工作任务。替代人工登塔异物消缺,降低人员登塔作业风险，实现异物快速处置，提升作业效率。

b. 作业指导书智能辅助编制。依托输电全景平台建立检修作业典型方案数据库、工器具及智能化装备数字化台账，结合检修任务，实现平台端作业指导书智能辅助编制，移动终端作业指导书、工器具及智能化装备配置清单自动推送，辅助作业前工器具材料领用。

c. 建立检测数字化档案。借助细水雾无人机、红外无人机开展复合绝缘子憎水性检测、瓷质绝缘子零值检测。在输电全景平台建立检测数字化档案，实现各类检测数据查询、批量导入、导出维护功能，为设备健康状态评价、检修提供数据支撑。

（2）数字化输电带电作业（检修）班。数字化输电带电作业班主要负责架空输电线路设备和通道的缺陷、隐患的消除及其他带电作业工作，数字化输电带电作业班主要建设内容如下：

1）作业装备智能化。

a. 普及应用基础型智能装备。应用喷火无人机、远程激光异物清除装置，到达作业现场后，作业人员直接在地面起飞喷火无人机或架设远程激光异物清除装置处理输电线路上方异物，由带电登塔作业模式向地面作业模式转变，实现异物隐患快速精准处置，极大降低作业人员劳动强度和高空作业安全风险；使用照明无人机，起飞至作业位置，按作业人员需求调整照明角度，实现夜间应急抢修现场全方位照明，缩短应急抢修时间。

b. 探索应用特殊型智能装备。探索应用绝缘斗臂车、便携式自动升降装置等特殊型智能装备，作业人员在作业位置下方通过乘坐绝缘斗臂车或使用便携式自动升降装置沿绝缘绳攀爬拉升，由地面直接进入强电场，精准直达作业位置，省去登塔走线流程，提高带电检修作业工作效率。

2）安全防护智能化。

a. 作业现场智能管控。依托智能安全帽，实现塔上塔下作业人员音视频同步通信，对于带电作业过程中发现任何疑难问题，都可快速以第一人称视角回传现场情况，辅以文字、图片、语音等手段，实时进行专家远程视频会诊，为现场检修人员提供切实可行的指导意见；同时，也可借助无人机，实现作业现场高空多角度视频监控与喊话告警功能，对作业人员违规操作、误入非作业范围等危险行为进行监控指挥，提升带电作业安全防护水平。

b. 作业人员体征监测。依托智能穿戴设备体征监测功能，对检修人员的体温、脉搏、血压等生命体征状态进行监控，对不良体征状态的检修人员进行提前预警；依托智能穿戴设备强电场通信功能，实时回传作业人员体征信息，及时制止等电位作业人员强干蛮干行为，实现作业人员体征监测和人身安全保护。

3）作业方案辅助决策。

a. 融合多源数据辅助现场勘察。结合输电全景平台中微气象、图像、视频监控、导线精灵等各类前端感知装置数据，对比带电作业环境要求，远程评估带电作业条件；使用激光雷达无人机，开展无人机精细化飞行，采集点云数据，回传至电网三维 GIS 平台，依托电网三维 GIS 平台中三维建模功能，建立高精度杆塔本体及通道三维模型，通过输电全景平台实时调取查阅，实现现场信息精准掌握，辅助带电作业现场勘察。

b. 带电作业票在线办理。结合紧急抢修工作任务，在平台端编制工作票；在平台端或移动终端进行签发；工作许可人许可后，在移动终端记录许可时间；带电作业结束后，在移动终端填写工作完成情况、工作结束时间，办理工作终结；经审核评价完成线上归档。实现工作票编制、签发、许可、终结、归档全过程在线办理。

c. 带电作业方案智能辅助编制。依托输电全景平台，汇聚线路图像、视频监测、导线精灵等多源数据，实时获取现场故障信息、缺陷信息，结合高精度杆塔本体及通道三维模型，运用输电全景平台云计算技术与带电作业典型方案数据库比对，智能分析故障原因、缺陷类型和危险程度，提出合适的检修策略、作业方法、工器具配置、人员要求和作业时长测算建议，辅助编制电作业方案、工器具及智能化装备配置清单，并智能推送至移动终端，辅助作业前工器具材料领用。

d. 数字化安全评估。基于电网三维 GIS 平台中带电作业工况模拟功能，建立不同工况下的安全评估标准，在高精度杆塔三维模型中嵌入作业人员和工器具模拟量，按带电作业方案既定检修流程，对作业人员与带电体进行动态组合间隙、安全距离校核，模拟实际带电作业全过程，实现带电作业方案数字化安全评估。

4）工器具质量管控。

a. 打造智能化工器具库房。依托智能化工器具库房中温湿度控制装置、监控设备、出入库记录设备和对应的库房系统，自动调节库房内温湿度，自动提醒工器具领用归还，通过库房系统收集库房内的温湿度、视频及工器具出入库的信息数据，并接入输电全景平台，实现库房信息在线管控，打造智能化工器具库房。

b. 工器具质量管控、资源共享。依托输电全景平台，班组人员完善工器具数字化台账（包括工器具名称、数量、类别、编码、使用记录、试验记录等），通过移动终端可实时查阅工器具数字化台账信息；工器具数字化台账自动核对工器具试验日期和库存数量，自动推送工器具试验日期、采购需求至输电全景平台与移动终端。基于电网资源业务中台，输电全景平台中工器具数字化台账与智能化工器具库房系统数据关联同步。工器具台账收集全省输电常规检修工器具及带电作业工器具配置情况，并进行汇总，可对全省检修工器具进行快速查询、就近调配，实现多地区工器具共享。

5）人员培训智能化。基于 VR 设备和带电作业仿真培训系统，模拟跨二短三法、荡入法和软梯法进入电场更换自爆绝缘子、耐张线夹发热消缺等典型带电作业场景，作业人员佩戴 VR 设备，进入虚拟典型带电作业场景，熟悉各项带电作业操作步骤和关键环节，实现作业全过程智能化培训。各班组常态化开展仿真培训，强化作业人员带电作业专项技能和协同作业能力。

（3）数字化高压电缆运检班。数字化高压电缆运检班主要负责电缆线路及通道数字化台账管理、电缆隧道运检、电缆在线监测管理、电缆专业信息化探索等工作。班组主要建设内容如下：

1）数字台账管理。

a. 深化电缆设备台账管理。基于精益化平台，整合通道经纬度、照片、竣工资料，构建电缆数字化通道，完善电缆台账，实现基础图形、台账完整率、准确率100%。借助精益化平台核查工具，实现电缆长度、电缆型号、电缆厂家等关键字段自主核查。

b. 探索设备台账电子化移交。建立电缆工程竣工资料电子化移交清单，开展建设阶段设备图形、台账、试验报告等电子化移交，实现竣工资料无纸化。在精益化平台完成设备图形、台账录入，优化竣工资料管理功能，将竣工试验报告、电缆图纸等资料导入平台。

c. 推进实物 ID 建设及应用。基于精益化平台台账信息，结合移动终端及实物 ID，开展存量电缆设备（电缆段、电缆接头、电缆终端、接地箱）建档、赋码、贴签工作，确保基础台账及履历信息准确完整；通过实物 ID 源头赋码，实现增量设备扫码建档，现场完善设备名称、设备厂家、投运日期等设备运检业务所需信息，采集设备位置，回传电网资源业务中台，完成各系统信息同步，确保账卡物一致。

2）智能移动巡检。依托精益化平台，向设备主人主动推送巡视（覆盖电缆周期巡视和特殊巡视）、检测工作任务（包含电缆环流、局放和红外检测），完善作业指导书辅助编制模块；借助移动终端，在线查看巡检任务，优化巡视路径自动规划功能，完成巡检结果一键上传、缺陷隐患信息现场登记，实时调阅图纸档案、运行检修规程、作业标准流程、精益化评价细则、典型故障案例等技术资料，实现监控后台与巡检现场智能联动；深化检测结果智能研判、现场作业报告自动生成、缺陷隐患跟踪闭环在线管理应用，为电缆巡检向无纸化、智能化转变奠定基础。

3）智能运检管理。

a. 深化在线监测应用。通过规范监测系统数据接口，将监测数据融合接入精益化平台，实现电缆监测预警信息实时报送。开展在线监测设备专项治理，提高设备在线率，借助技改、租赁等项目，提高在线监测设备覆盖率；建立监控后台值班、周报制度，生成设备运行状态评估结果，辅助制定电缆保电、状态感知、故障处置等运检策略，实现电缆智能运维。

b. 强化检修智能管控。完善电缆检修模块，实现检修计划任务流转、现场勘察、检修方案辅助编制、故障抢修单自动生成等工作移动办理。在精益化平台登记维护作业人员资质，现场利用人脸识别或照片比对等技术，实现人员资质在线校核；借助移动终端完成检修记录、试验数据一键上传，实现检修现场线上管控。

c. 打造备品备件档案库。基于精益化平台，完善备品备件管理模块，具备备品备件数字化台账录入、出入库登记功能，建立备品备件台账清单，台账信息应包括：设备类型、生产厂家、设备数量、出入库记录等，实现物资数字化管理。

4）工作票在线办理。

a. 推进工作票线上管理。根据电缆运行、检修、工程等工作任务和计划，在精益化平台端编制工作票；在平台端或移动终端进行工作票签发；工作许可后，在移动终端记录许可时间；现场逐步上传班前会、安全交底、安措布置等各阶段工作照片，留下工作痕迹，管理人员及领导可采取线上方式进行稽查；工作结束后，在移动终端填写工作完成情况、工作结束时间，办理工作终结，上传工作票、工作结束；经工作票线上审核和评价，完成线上归档。实现工作票编制、签发、许可、终结、归档全过程线上办理、管控。

b. 开展工作票自动统计分析。对接物资、财务等管理部门，明确设备运检成本自动分摊归集工作要求，完善精益化平台统计模块功能，以工作票为基础，开展人员工况、工期、作业任务、耗材的自动统计，为设备运检成本自动分摊归集、班组数字化管理提供辅助支撑。

5）隧道立体管控。

a. 夯实电缆隧道设备台账。基于精益化平台，录入电缆隧道内电缆线路、附属设施、在线监测装置台账及履历信息，以及运维记录、状态评价记录；结合专项隐患排查，完成设备缺陷隐患登记，掌握隧道内各设备分布位置、台账和运行信息。实现电缆隧道内电缆线路、附属设施、在线监测装置和缺陷隐患信息全面管控，为构建电缆隧道"机器巡视、集中检修"模式夯实基础。

b. 开展电缆隧道智能运检。依托精益化平台，集成在运电缆隧道监测系统，实现统一监控。全过程参与新建电缆隧道和综合管廊可研、初设、验收及运检工作，把控工程质量，实现工程进度、运检资料线上管理；根据综合监控数据、机器人巡检报告，完成隧道缺陷隐患统计；结合缺陷隐患等级和数量，科学制定检修计划，提前准备物资、安排人员，提高检修效率；构建隧道安全准入机制，确保作业过程中人员人身安全，由移动终端提出申请，平台端确认许可，通过综合监控系统人员定位、视频监控，实现作业全过程线上管控。

c. 深化隧道机器人远程巡视。基于精益化平台，完善机器人巡检模块，实时获取机器人运行状态、视频、红外测温、在线监测数据，实现隧道机器人巡检系统与平台实时交互。借助巡检机器人，监控中心值班人员在平台端发起巡视任务，机器人按照指定路径开展巡检，实现电缆隧道机器人巡检、巡检报告自动生成，减少人员出入频次，降低作业风险。

6）通道资源管控。

a. 构建电缆通道管孔台账。基于精益化平台，优化电缆通道管孔管理模块，对于存量电缆通道进行专项排查，结合竣工资料，录入通道断面管孔数、电缆排布及相位、空孔数量等信息；对于增量电缆通道，在验收过程中详细收集通道断面信息并录入精益化平台，立体展示在运电缆通道断面资源使用情况，全面掌握电缆通道断面信息，制定电缆通道断面管理办法，规范电缆通道断面管理，实现电缆通道断面数字管理、台账及时率100%。

b. 健全电缆通道准入机制。根据在运电缆通道信息及电网规划，配合管理部门制订电缆通道断面准入管理办法，明确电缆通道断面占用原则、优先等级、办理和审批流程等要求，实现电缆通道断面标准管理；通过电缆通道管孔管理模块，实现新建电缆线路占用线上办理和管控，及时录入新建线路断面占用台账。

c. 规范电缆通道资源管理。基于精益化平台，完成存量通道异常占用、消防隐患排查，落实通道异常管控措施，有效处置通道占用异常情况；同步规范新敷设电缆线路、低压电源及通信光缆的防火防爆措施，把信息录入精益化平台；结合电缆通道管孔和准入管理，实现电缆工程断面线上全面管控，并科学使用通道资源。

4.1.4 工作计划

（1）试点建设阶段（2021年4~12月）。根据省公司班组数字化建设方案等，开展打样试点单位建设工作。按"事前把关、事中监控、事后分析"模式，省公司组织试点建设情况进行中期督导。省公司对打样班组进行初步验收，各单位打样班组根据验收情况进行改造完善和国网验收准备，同时根据打样班组建设经验，开展本单位其他班组数字化建设工作，完成国网公司50%地市公司建设目标。

（2）全面建设阶段（2022年1~12月）。基于试点建设及应用经验、国家电网评价情况，建立健全数字化班组"一制度、一标准、一体系"工作体系，全面开展建设和成效评估，全面提升班组数字化业务和管理能力。

（3）完善提升阶段（2022~2023年）。全面开展输电数字化建设转型。在全省推广实施分析管控业务、决策指挥业务等输电线路智能管控应用，构建输电专业数字化生态圈，在新一代设备智能管控体系架构下，实现输电专业数字化、智能化管理。

4.2 全业务核心班组

4.2.1 建设背景

为深入贯彻公司战略目标和"一体四翼"发展布局，加快构建现代设备管理体系，提升输电设备运检班组业务能力，推动技改大修自主实施，规范外包业务管控，完善人员激励机制，做实做强做优基层班组，推动班组由"作业执行单元"向"价值创造单元"转变，培养新时代生产技能人才队伍，推动公司可持续发展，保持核心竞争力，为建设具有中国特色国际领先的能源互联网企业奠定坚实基础。

4.2.2　现状分析

（1）设备现状。嘉兴公司共运维35～1000kV输电线路共601回、总长度6189.8km。其中1000kV线路2回123.2km，±800kV线路2回49.9km，±500kV线路3回152.4km，500kV线路28回1003.5km，220kV线路136回1903.9km，110kV线路363回2488.1km，35kV线路67回，长度468.8km。

（2）运维现状。输电运检中心负责全市220kV及以上和市本级110kV、35kV输电线路的运维和架空线路检修业务（包括带电作业）；县公司负责辖区输电设备运维和架空线路检修业务；××输变电检修中心负责支撑各县公司开展县域110kV输变电设备技改、检修（大修）业务，支撑输电中心开展输电线路技改、检修（大修）业务。

4.2.3　建设思路

聚焦公司输电线路主业，围绕输电班组业务能力提升和高素质技能人才队伍建设，提升输电专业各类运检班组全业务自主实施能力，确保班组核心业务"自己干""干得精"，常规业务和其他业务"干得了""管得住"。技改大修项目自主实施覆盖设备检修业务类型和数量逐年上升，设备运检类业务外包比例逐年下降。

4.2.4　原则及目标

（1）建设原则。坚持"战略引领、以人为本、因地制宜、问题导向"基本原则。围绕公司"一体四翼"发展布局，加强统筹规划，明确业务分类和建设原则，试点先行、有序推进，促进班组全业务核心能力全面提升。立足"培养人、用好人、留住人"，提升人员技能，完善激励机制，打造"业务全面、技能精湛、结构合理"的运检人才队伍，因地制宜制定建设计划，着力解决影响班组质效的突出问题，加快设备运检数字化转型，持续推进班组赋能减负，确保建设任务全面落地，夯实公司发展基础。

（2）建设目标。以《国家电网有限公司关于加强设备运检全业务核心班组建设的指导意见》（国家电网设备〔2021〕554号）为建设基本原则，以更高水平、更高标准加快推进全业务核心班组建设。建设目标分解如下：

2022年，制订嘉兴输电运检全业务核心班组建设方案，实现输电运检全业务核心班组覆盖率达70%，实现核心业务参与程度100%，技改大修类项目自主实施覆盖检修类型占比 40%以上。

2023～2024 年，输电运检全业务核心班组覆盖率达 85%，技改大修自主实施项目覆盖设备检修业务类型 60%以上，数量比例达到 20%以上。

2025 年，输电运检全业务核心班组 100%全覆盖，技改大修自主实施项目覆盖设备检修业务类型达到 85%以上，数量比例达到 25%以上。

4.2.5　建设内容

以抓实核心业务自主实施为核心，深化可视化、无人机、移动巡检等技术应用，依托数字化班组建设，推动线路巡视、线路检修、检测维护、状态评价、带电作业等业务自主实施，有效提升输电运维检修和带电应急抢修能力，逐步实现输电专业 16 类核心业务全覆盖。

4.2.5.1　输电运维班

输电运维班是"立体巡检＋集中监控"运维模式下，输电专业数字化转型、智能化升级的关键环节，在传统业务基础上，设备主人应具备无人机巡检、移动巡检、线上办公、异常分析等能力。

（1）生产准备和设备验收。

1）基本要求：班组人员参与输电线路工程前期方案论证及审查，可开展输电线路设备台账信息录入等生产准备工作；能开展新、改、扩输电线路工程新设备验收；掌握理解相关技术标准，开展红外测温、交跨测量、接地电阻测量等检测工作。

2）具体实施：建立输电线路运检审查库，班组人员参与工程前期审查时对照审查库项目逐一核对，确保工程以满足运维要求的方案通过评审。对于大型基建工程，如"白鹤滩送出工程""荷花变送出工程"等召开工程验收交流会，对于同一工程、同一施工单位易出现的验收问题进行总结，提前发送施工单位落实整改闭环。

（2）巡视作业。

1）基本要求：班组人员利用移动巡检装备开展输电线路本体及通道正常巡视、特殊巡视和故障巡视，能及时发现输电线路运行安全隐患及缺陷。立体巡检方面，具备线路无人机巡检作业要求。集中监控方面开展在线监测异常信息识别、分析、诊断和评价，能对输电线路状态集中监控。

2）具体实施：深入探索高集成度巡检装置应用，加大移动巡检装置使用频次，巩固数字化班组建设成果，将发现的隐患及缺陷及时录入 PMS3.0 系统。探索实践差异化运维新模式，选取新建零星杆塔开展自主航线建模及航线规划。

(3）检测维护。

1）基本要求：班组人员开展输电线路红外测温、紫外成像等带电检测工作。开展弧垂、交跨、对地距离测量、杆塔接地电阻检测等作业。

2）具体实施：开展无人机红外检测作业，选取新建零星杆塔开展自主航线建模及航线规划并开展无人机红外测温作业，同时与科研院所及相关单位探索无人机紫外检测、X光检测等可行性。

(4）日常运维。

1）基本要求：班组人员开展设备台账、缺陷录入等生产数据维护、输电线路状态评价、通道缺陷处置、故障分析。

2）具体实施：班组人员积极开展同源维护套件数据治理工作，加强缺陷录入及各生产系统应用。根据《输电线路状态评价导则》制定嘉兴公司状态评价导则。班组根据典型故障案例库，可开展故障初步分析。

(5）隐患排查治理。

1）基本要求：班组人员开展输电线路"六防"等隐患排查和隐患整治，落实风险预控措施，开展电力设施保护宣传等。

2）具体实施：开展近几年雷害及鸟害故障分析，针对穆湖公园等开阔区域开展风筝、钓鱼隐患等电力设施保护宣传。根据国网设备部《2022年密集通道安全运行工作方案》文件要求落实密集通道22项措施。应用"两个纳入"成果结合安全生产月活动开展属地化政企联动，对线路沿线、周边、农户等开展电力设施保护专项宣传。

4.2.5.2 输电检修班

输电检修班是输电线路检修业务自主开展的坚实力量，输电检修全业务核心班组应是一支具有组塔架线能力、能常态化开展绝缘子及金具更换等可替代外包形式的队伍。

（1）设备验收。班组人员可开展各电压等级新、改、扩输电线路工程新设备验收。

具体实施：各电压等级新、改、扩输电线路工程新设备验收常态化自主开展，下一步可拓展利用回路电阻测试仪等智能装备辅助作业人员开展新线路验收工作。

（2）检修作业。根据检修月度计划细化制订班组工作计划，提前做好检修作业各项准备工作，做好勘察记录，确定检修方案。具备牵张机、压接机等施工机械操作资质，能够完成组塔架线、技改施工工作。

具体实施：于2022年开展一次110kV线路立塔作业，开展一次110kV架线作业；能够常态化开展绝缘子更换等常规检修消缺作业，2022年计划部分220kV及以下线路常规检修及老旧绝缘子更换作业自主开展；能组织班组人员实施线路杆塔、避雷器、横担、绝缘子及金具更换或加装，以及导地线修复等A、B类检修。开展导线走线、杆塔螺栓紧固、导地线异物处理等C、D类检修。

（3）应急抢修。具备输电线路应急抢修和故障处置能力，可开展故障点查找、定位，线路倒塔、断线等抢修恢复方案制定及组织实施。

具体实施：于2022年开展一次110kV线路立塔、架线作业技能培训。

（4）安全管控。作业人员具备现场作业风险管控能力，能够分析、辨识输电线路现场检修作业风险，落实风险管控措施。

具体实施：作业人员2022年度参与触电急救培训、特种作业取证培训，开展一次线路安规补充规定、反违章文件及案例学习培训。

4.2.5.3 输电带电作业班

输电带电作业班是嘉兴输电线路带电作业的骨干力量，应具备常态化开展特高压带电作业能力，可将新技术、新装备与传统带电作业方式有效结合，着力培养新时代带电作业人才。

（1）地电位带电作业。班组人员可组织开展110kV以上输电线路的地电位带电作业，落实作业方案、工艺、现场标准化作业要求。

具体实施：编制110kV以上输电线路的地电位带电作业指导书，可常态化开展110kV以上输电线路的地电位带电作业消缺工作。

（2）中间电位带电作业。班组人员可组织开展110kV以上输电线路的中间电位带电作业，落实作业方案、工艺、现场标准化作业要求。

具体实施：编制110kV以上输电线路的中间电位带电作业指导书，可常态化开展110kV以上输电线路的中间电位带电作业消缺工作。

（3）等电位带电作业。班组人员可组织开展110kV以上输电线路的等电位带电作业，落实作业方案、工艺、现场标准化作业要求。

具体实施：编制110kV以上输电线路等电位带电作业指导书、等电位作业方案，2022年开展7次500kV及以上等电位带电作业，其中特高压线路3次。完成直升机带电作业取证，开展1次直升机带电作业。

（4）安全管控。作业人员具备现场作业风险管控能力，能够分析、辨识输电线路现场检修作业风险，落实风险管控措施。

具体实施：作业人员2022年度参与触电急救培训、特种作业取证培训，开展一次线路安规补充规定、反违章文件及案例学习培训。

4.2.5.4 输电电缆运检班

输电电缆运检班是嘉兴公司电缆专业人才"运检合一"能力建设的核心平台，以业务融合打破专业壁垒，培养班组员工向"一专多能"转型。

（1）生产准备和设备验收。班组人员能参与电缆工程前期方案论证及审查，能够编制新建电缆运行维护方案，开展设备台账信息录入等生产准备工作；能组织电缆验收工作，熟练掌握相关技术标准，能够开展有限空间作业、验收作业。

（2）巡视作业。班组人员能自主开展高压电缆及通道正常巡视、特殊巡视和故障巡视、分析能力，收集沿线市政管线建设及规划等运行资料，能够及时发现、上报影响高压电缆运行安全的缺陷。能对在线监测装置的信息识别和诊断分析，能够利用测温光纤、接地电流检测、局放检测、水位监测等装置，自主开展高压电缆及通道机器人巡视、可视化监控巡视。

（3）检测维护。班组人员开展高压电缆相关的带电检测业务，能自主开展红外测温、接地电流检测、局放检测等带电检测工作，并对带电检测以及其他诊断性检测结果进行分析。

（4）日常运维。班组人员能对设备台账、缺陷、修试等生产信息系统数据维护和技术资料进行维护，能够自主完成缺陷处理流程。定期或动态对电缆进行状态分析评价并出具评价报告。

（5）检修作业。班组人员能分析、辨识现场检修作业风险，落实风险管控措施，按照标准化作业要求，开展现场勘察，编制检修作业"三措一案"。能组织实施电缆本体和附件更换、交叉互联箱及接地箱更换、接地电缆修复、诊断性试验等A、B类检修作业，例行试验、带电检测等C、D类检修。

（6）应急抢修。能自主实施电缆故障定位、电缆更换、附件更换、交接试验等应急抢修和故障处置。

（7）隐患排查治理。班组人员开展电缆线路"六防"等隐患排查和隐患整治，落实作业现场检修施工风险分析、危险点管控。

4.2.5.5 保障措施

（1）加强组织领导。提高站位，认清形势，深刻认识建设全业务核心班组的重要性、必要性，进一步提高思想认识，强化组织领导，结合实际因地制宜编制建设实施方案，明确核心业务清单和技改大修自主实施计划，建立有序管理体系，工作组总体协调，确保各项工作有效落地。

（2）强化协同联动。发挥设备管理主体作用，健全工作协同机制，明确工作目标，各部门分工协作，形成推进合力，及时解决重大问题，建立问题通报、闭环整改、持续改进管控机制，有序推动全业务核心班组建设实施。

（3）加强过程管控。制定过程管控策略，完善考核评估体系，将全业务核心班组建设推进情况等纳入考核，及时对目标完成情况、责任落实情况、班组能力建设情况进行督察和考核，确保工作取得实效。

（4）注重总结提炼。定期对工作开展情况和成效认真总结、自评，发现问题及时采取针对性措施，及时总结提炼建设经验，将典型经验系统化，将优秀做法制度化，加快培养符合新时代发展要求的运检技能人才队伍。

4.2.5.6 建设计划

（1）初步建成阶段（2022年）。

1）制订实施方案。根据国家电网公司、省公司全业务核心班组建设相关要求，明确核心业务范围，按照设备运检核心业务清单，综合人员配置、实施能力等现状，围绕班组业务提升与高素质人员培养，因地制宜确定核心业务类别和内容，落实核心业务自主实施要求，制订嘉兴公司输电专业全业务核心班组建设实施方案。

2）开展全业务先行班组建设。2022年开展输电运维班、检修班、带电作业班及电缆运检班全业务核心班组先行建设，实现输电运检全业务核心班组覆盖率达70%，实现核心业务参与程度100%。

3）强化队伍核心能力培养。理论知识方面制订年度专业技术培训计划，2022年开展1次输电运检人员技能强化培训、1次电力设施宣传法律培训、1次QC活动及PPT制作培训、通过劳模工作室开展1次输电专业核心能力提升培训；技能实操方面通过劳模工作室及模拟线路开展综合检修、立塔架线、电缆附件安装等培训，提升技能水平，再按照"由易到难、由简入繁、先急后缓"的原则，以干代训开展绝缘子、金具更换等业务自主实施。2022年开展线路检修消缺、绝缘子、金具更换、避雷器安装等部分大修业务自主实施线路28回，完成1基杆塔组立，1档导地线架设。

4）有效利用"青苗班"培养体系。选送新员工在××公司跟班实习，在干中学，在学中干，掌握施工建设、安装调试等全业务核心技能培养，推动新员工技能水平快速提升，加快现代设备管理体系人员储备，逐步提升基层班组全业务自主实施能力，助力技改大修项目自主实施。

5）建立工作负责人管理分级体系。深入挖掘现有人员潜力，制订输电线路工作负责人分级方案，优化绩效体系调动工作积极性。

6）推进"立体巡检＋集中监控"运维新模式。逐步实现"两个替代"，提升设备状态感知能力和缺陷隐患发现能力。巩固数字化班组建设成果，数字赋能、减负增效，输电线路作业移动化，提升班组作业效率。

（2）推广建设阶段（2023~2024年）。巩固建设成果，基于试点建设及人员培训、配置情况，完善员工激励机制，优化班组人员配置，加强人员培训及运检装备配置。确定技改大修优先实施项目，制订差异化自主实施计划，分级分类推进，到2024年实现技改大修自主实施项目覆盖设备检修业务类型达到60%以上，数量比例达到20%以上，建成"作业自主、安全可控、技能过硬、创新高效"的输电运检全业务核心班组。

（3）全面落实阶段（2025年）。2025年是"十四五"收官之年，也是全业务核心班组建设全面落实收尾之年，力争实现公司输电专业技改大修自主实施项目覆盖设备检修业务类型达到85%以上，数量比例达到25%以上，保质保量完成国家电网公司及省公司建设目标，使得运检类业务外包比例最低、运检人员技能水平最强、运维检修业务开展最高效。

4.3 实 施 成 效

4.3.1 推进线路自主检修

2022年开展20回220kV线路自主检修工作，包括登杆检查、复合绝缘子更换、在线监测装置加装等。结合全业务核心班组建设、依托劳模工作室培训，开展了平湖电力园区110kV线路3基塔2档线的立塔架线实训，强化了班组的学习能力和实战技能。全部自主实施技改项目3项、部分自主实施技改、大修项目7项，已开展220kV线路绝缘子更换工作，自主开展微拍装置安装202套。完成500kV及以上等电位带电作业4次，其中特高压线路2次；完成21次35~220kV地电位带电作业，提升线路迎峰度夏期间安全稳定运行水平。此外，嘉兴公司创新应用"数字孪生+无人机+小飞侠"作业方法成功开展了±500kV葛南线2365号塔螺栓开口销补装作业，通过一系列数字化手段实现方案快速编制、作业风险准确识别，提升带电作业安全与质效。

4.3.2 提升高压电缆精益化管理水平

自主完成了110kV正乐1513线等4条线路电缆终端附件安装，此项作业难度大、技术要求高，大幅提升了运检人员技术和技能水平。结合"青苗班"开展电缆附件制作培训，安排员工参与电缆比武竞赛，依托劳模工作室开展输电线路（高压电缆）运维、检修、设计理论知识培训，鼓励员工走技能成材路线。开展华严路电缆隧道数字孪生应用。利用数字孪生技术采集电缆隧道激光点云数据并构建通道全景三维模型。该模型集成隧道内智能感知终端采集的环境和设备运行数据，实现隧道环境监控、告警信息、视频监控、在线监测等数据的实时可视化动态观测。

4.3.3 推进"立体巡检+集中监控"运维新模式

深入推进无人机自主巡检规模化应用和业务自主实施能力，实现无人机精细化与红外巡检激光点云扫描与建模、航线规划、平台自主飞行的全业务流程自主实施。2022年规模化部署视频微拍658套，微气象36套、导线精灵40套等智能感知装置，进一步实现设备本体状态的全天候监测、主动评估、智能预警。

深化设备主人制建设

随着输电线路规模不断增加,内外部环境复杂多变与运维资源配置有限的矛盾日益凸显,现有设备运维体系面临极大挑战。面对输电线路本质安全形势不断严峻,国网嘉兴供电公司运用目标逐层分解思想,基于"设备主人成为全寿命周期管理的落实者、运检标准的执行者和设备状态的管理者"的理念,构建设备主人"1+N"体系:以设备主人管理为核心,建设设备管理全周期多元服务支撑体系,辅助设备主人分析决策及设备状态管理,提升设备状态管控力。围绕设备主人管理形成设备主人制度、设备主人服务体系制度、设备主人评价制度,三大制度协同作用使各级生产人员提供全面高效设备状态支撑,服务设备主人输电线路状态管理,切实保障输电线路本质安全。

5.1 设备主人制建设的目标描述

5.1.1 设备主人制建设的理念或策略

随着工程建设的推进,输电线路改迁建设使电网面临的风险增加,同时也对施工中输电线路的运维提出了更高的要求。内部随着运行年限的增加,老旧设备运行以及线路前期规划设计、施工质量、设备质量等问题逐渐暴露,"三跨"、老旧设备整治等输电线路反措要求不断提升,线路检修、检测试验超周期现象仍然存在,输电线路本质安全面临极大挑战。

日益严峻的输电线路本质安全形势对输电运检工作提出了更高要求,设备主人的工作量大幅度提升,但目前的运维体系内设备主人意识和能力有待强化,新技术装备应用能力有待加强,运检效率有待进一步提升。嘉兴公司充分发挥设备主人全面支撑设备全过程管控的优势，对设备主人制进行探索及实践，强化设备全过程管理，全面推动运检模式调整，创新设备主人"1+N"体系建设－以设备主人管理为核心，突破原有运维设备主人、运行设备主人模式，设备主人对输电线路状态进行全面掌控，是全寿命周期管理的落实者、运检标准的执行者和设备状态的管理者。按照输电线路前期建设、验收、运维、检修各环节，建设相对应的全周期多元服务支撑体系，辅助设备主人全面掌控输电线路状态。围绕设备主人管理形成设备主人制度、设备主人服务体系制度、设备主人评价制度。设备主人制度体系为保障，明确设备管理职责；设备主人服务体系为支撑，为设备主人提供全面掌控线路状态途径，并依托大数据、物联网等新技术提升设备状态管控力和效率；设备主人评价体系为激励、响应，三大制度协同作用使各级生产人员按章管理，服务设备主人管理，实现输电线路全周期管理、全过程管控。

5.1.2 设备主人制建设的范围和目标

（1）设备主人制建设的范围。嘉兴地处东南沿海、长三角平原的中心，东接上海、北邻苏州、西连杭州、南濒杭州湾，面积仅 3915km^2，嘉兴供电公司所辖的 110kV 及以上输电线路共 556 条。嘉兴作为西电东送的重要通道，管辖特高压线路有 4 条共 173.064km，分别为 1000kV 安塘Ⅰ线、安塘Ⅱ线、±800kV 复奉线和 ±800kV 锦苏线。设备主人"1+N"体系管理范围涵盖 556 回在运线路和规划线路。

（2）设备主人制建设的目标。设备主人制是指输电运维人员以设备主人的身份，从建设流程把关、设备运维全面提升、检修工作过程管控、提巡视维护质量，对输电线路的状态进行全面管控。深入实施输电线路设备主人制，从输电线路规划建设、验收、运维、检修各环节出发建设相对应的全周期多元服务支撑体系，使设备主人成为全寿命周期管理的落实者、运检标准的执行者和设备状态的管理者。

（3）设备主人制建设的指标体系及目标值（见表5–1）。设备主人制建设的指标体系由项目前期、设备运维、检修过程、验收阶段等四个阶段共 5 个指标组成，分别为项目前期指标（输电线路可研、初设参与率，输电线路出厂验收缺陷率）、设备运维指标（输电线路缺陷、隐患发现率）、设备检修指标（输电线路缺陷、隐患消除率）和验收阶段指标（输电线路竣工验收缺陷率）。

表 5–1　　　　　　　设备主人制建设的指标体系及目标值

序号	指标体系	目标值	备注
1	设备主人覆盖率	100%	设备主人制 100%覆盖所有输电线路
2	输电线路可研、初设参与率	100%	设备主人 100%参与新建、改建、扩建工程的可研初设评审，并有相应的审核意见

续表

序号	指标体系	目标值	备注
3	输电线路出厂验收缺陷率	零缺陷	设备主人参与新建、改建、扩建工程的出厂验收,并有相应的验收书面意见
4	输电线路竣工验收缺陷率	零缺陷	新建、改建、扩建等工程零缺陷投运
5	输电线路缺陷、隐患发现率	100%	设备缺陷、隐患等问题发现、上报正确率达100%
6	输电线路缺陷、隐患消除率	100%	综合检修后输电线路缺陷、隐患、反措整改率以及及时率达100%

5.2 设备主人制建设的主要做法

5.2.1 设备主人制建设工作的组织框架

设备主人制建设的组织框架如图 5-1 所示。

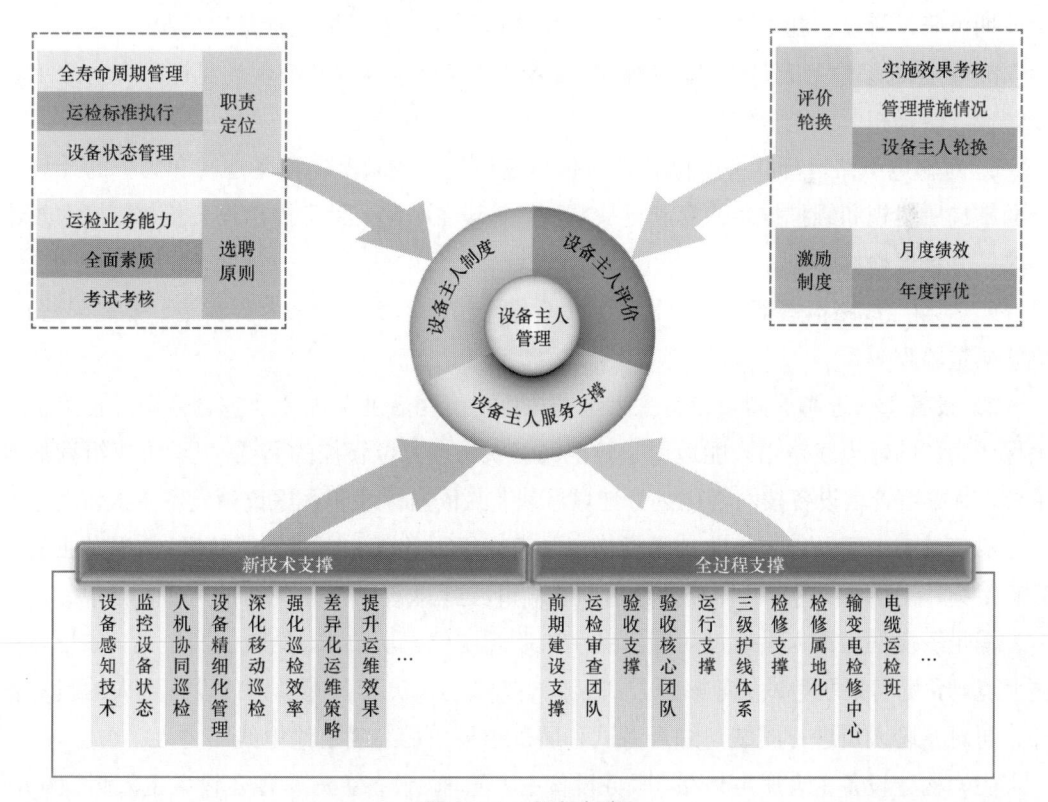

图 5-1 组织框架

5.2.2 主要流程说明

（1）制订设备主人制度，明确设备主人职责。"1+N"体系下的新型设备主人对输电线路状态全面掌控，涵盖线路规划建设、验收、运维、检修各个环节。设备主人制的实施，坚持过程管控理念，通过划分"设备主人"的工作职责和内容，明确设备主人选聘原则，确定输电线路全方位管理的责任主体，解决设备管和员工做等问题。围绕设备主人管理为中心，从管理支撑、技术支撑、监管支撑构建设备主人服务体系，为设备主人全面掌控输电线路状态提供平台和保障，进而调动设备主人的主人翁意识和主观能动性。基于设备主人评价制度体系，采取有效的激励手段和监管体系，调动其工作积极性，进而保证设备运行的安全性以及稳定性，高效落实检修工作，提升线路本质安全。

1）设备主人职责定位。设备主人的职责定位为设备管理人，是输电线路全寿命周期管理的落实者、运检标准的执行者和设备状态的管理者，对输电线路各环节进行全面掌控。管理内容主要包括：

a. 全面介入输电线路项目前期管控，从电网安全运行、维护、检修等角度出发对建设前期可研、初设、施工图阶段提出合理化建议，并审查反措执行落实情况。

b. 全程跟踪输电线路建设，对输电线路隐蔽工程、关键环节现场见证，参与竣工验收管理，做好相关验收资料的收集，同时复查并且评价设备验收结果。

c. 对输电线路运行状态全面管理，依据运检技术要求落实设备巡视和维护的计划，全面掌握所巡视和维护设备信息和健康状况，对设备缺陷、隐患提出设备检修、技术改造建议，并督促检修消缺。

d. 对输电线路检修情况全面管理，负责安全措施落实、检修内容实施、关键点见证、检修质量验收等。

2）设备主人选聘原则。设备主人选聘原则对竞聘者业务能力及综合素质综合衡量，确保所聘任的输电线路主人能适用于输电线路状态全方位管控的需要。以运维班组为基本单位，对班组管辖设备按网格化划分地域区块，并依据标准和程序选聘设备主人。设备主人任职应具有中级及以上专业技术资格或具有高级工及以上职业技能等级；从事专业工作3年及以上；具有线路运行、检修经验优先，年度绩效连续2年优秀的可破格选聘。

满足资质的运维人员通过对照设备主人职责定位素质要求，结合自身能力，参与设备主人竞聘，竞聘采取考试+考核的方式。通过考试的人员具备满足担任设备主人的基本条件，再对竞聘人员进行面试，综合考试和面试结果，最终确定输电线路主人。

（2）构建设备主人服务体系，服务设备主人管理。设备主人管理是设备主人制"1+N"新模式的核心，旨在实现输电线路安全可靠运行。按照输电线路规划建设、验收、运维、检修各环节出发构建设备主人服务体系，辅助设备主人分析决策、全面掌控输电线路状态。

1) 建设全过程支撑体系，服务输电线路状态掌控。

a. 组建运检审查专家组，支撑输电线路前期管理。为支撑设备主人对输电线路建设工程过程前期的管控，成立运检审查专家组。专家组成员由工作经验丰富的运维人员组成，协助设备主人在工程可研、初设、施工图各阶段开展审查工作，依据《国家电网有限公司十八项电网重大反事故措施（2018年修订版）及编制说明》等规定，结合输电线路运维工作实际提出合理化建议供设备主人参考。工程实施阶段，运检审查专家组配合设备主人开展隐蔽工程见证、中间验收、物资出厂验收等，并对施工情况进行跟踪，全面掌控施工质量及合理化建议落实执行情况。通过运检审查专家组建设，为设备主人掌控输电线路前期建设状态提供支撑。

b. 建设验收核心团队，服务输电线路验收状态管理。为加强输电线路验收管理，确保输电线路零缺陷投运，打造验收核心团队。核心团队由工区安质组、生技组、青年骨干和班组长组成，负责验收工作的组织与实施，协助设备主人开展重大问题的协调与决策，跟踪缺陷消缺情况等。通过验收核心团队建设，助力设备主人掌控本体及通道状态，全面评价设备验收结果。

c. 依托三级护线体系，辅助输电线路运行巡视。为协助设备主人更好地开展输电线路运维工作，更准确地掌握线路运行状态，构建了设备主人、外协护线（值守）员和属地供电营业所信息员的三级护线体系。设备主人负责管辖线路状态管控，外协护线及属地营业所信息员的管理、巡视值守任务的安排等。外协护线员负责通道的日常巡视和维护、电力设施保护宣传、应急先期管理等。属地供电营业所信息员负责输电线路通道隐患信息报送及危险源处置，配合设备主人开展线路的政策处理、用户投诉、事故调查等工作。

d. 优化线路检修职能，服务输电线路检修管理。为更好地适应输电线路运维管理要求，辅助设备主人做好输电线路检修工作，嘉兴公司变革传统设备运维管理模式，创新实践"运检合一"。① 建立输变电检修中心，依托××电建公司，打造输电专业化检修队伍，辅助设备主人开展35～220kV输电线路的专业化检修，为输电线路检修业务实施提供强有力的支撑。② 成立电缆运检班，以提升高压电缆及通道本质安全为主线，以推动高压电缆运检信息化、智能化为抓手，以健全标准化制度体系为依托，协助设备主人做好35kV及以上电缆线路的带电运维、检修、验收等工作，提升高压电缆运检效率。③ 实施110kV输电线路检修属地化，对县域110kV输电线路检修职能进行属地化调整，即由各县市公司负责属地110kV线路的检修工作，是运行主人与检修主人二者合一，避免设备主人的二元化。

2) 依托技术支撑体系，拓宽输电线路状态掌控深度。

a. 基于智能监测技术，有效监控输电线路状态。① 利用安装在1000kV安塘线、±800kV复奉线、±800kV锦苏线、±500kV宜华线的282套可视化高清视频监控装置，融合基于深度学习的图像识别方法，对"三跨"线路区段、易受大型施工机械外力破坏影响等区域进行实时监测,实现输电通道的全天候远程巡视和大型机械自主识别预警。② 建立告警管理机制,形成输电线路在线监测、智能预警、辅助决策及应急联动模式,实现监盘与设备主人的有效联动机制,辅助设备主人开展输电线路运行状态管控。

b. 深化人机协同巡检模式,促进输电线路精细化管理。① 通过多年来对无人机技术的探索和运用,开展线路日常人机协同巡视、保供电特巡、"三跨"巡视等多种输电线路巡检项目,构建集"信息汇集、过程管控、智能运检、指挥协调"为核心的输电线路无人机巡检体系。② 建立无人机智能库房与无人机不间断巡检系统,建立厘米级精度的三维点云地图,通过智能巡检控制平台实现无人机自主飞行、吊舱自主更换、图像实时回传作业能力,打通空中巡检—实时数据回传、处理—远程数据管理—指导消除电网异常—大数据分析—可视化报告的链条,形成巡检作业的输电线路全流程闭环体系。③ 开展无人机通道、故障巡视和杆塔精细化检查,重点对重要交叉跨越、已产生过缺陷的杆塔区域内通道、导地线、绝缘子金具等进行详细检查,拓展设备主人对输电线路运行状态管控的深度与广度。

c. 提高现场巡检设备智能化水平,强化输电线路巡检效率。① 引入射频识别技术,构建以杆塔身份识别标签为基础,移动巡检智能终端为核心,规范化数据标准与巡检流程为框架,移动巡检作业系统为接口的输电通道交互式巡检体系,实现"人—杆塔—设备"的实时物联。② 建立管理标准和工作流程,强化实践应用,线路运维人员通过超高频射频识别器与 RFID 电子标签进行交互,并利用搭载了交互式巡检 App 的智能终端进行巡视作业,巡检数据通过 APN 电力专网接入移动巡检后台系统服务代理,完成设备台账查询、状态信息更新、作业记录提交等数据服务,辅助设备主人开展高效巡检。

d. 实施输电线路差异化运维策略,提升输电线路运维效果。基于差异化运维手段,综合考虑线路及区段重要程度、状态评价结果、运行时间等因素,制定差异化巡视、检修策略,充分利用有限的运维资源,加强重点线路、重要区段以及重要部位运维检修,辅助设备主人开展输电线路运维管控的有效决策。

3)构建监管支撑体系,确保输电线路有效运转。为确保设备主人制有效运转,确保各类服务主动快速响应设备主人管理,构建监管支撑体系。① 依托生产指挥中心,为实时掌控现场设备运行情况提供平台。结合智能运检管控平台、智能运检新技术新装备,全景化监控输电线路状态、全过程管控业务流程、全环节收集生产信息,辅助设备主人开展检修作业管控、外协护线体系质量抽查等,确保各支撑体系有效运转。② 建立现场稽查制度,组建现场稽查小组,通过对输电线路、运行及检修现场开展不定期稽查,检查线路设备和通道的维护情况是否良好,督促各支撑快速响应设备主人管理,确保各环节的安全管控措施有效实施。

(3)构建设备主人评价体系,确保设备主人管理有效开展。

1)设备主人评价轮换制度。设备主人制评价包括两个方面:① 实施效果的考核,包括设备缺陷隐患发现的及时性、准确率、消缺率；② 设备主人制管理措施开展情况的考核，包括各项制度的建立完善，措施的落实情况等。

因为各设备主人能力素质、责任心的差异性，部分缺陷和隐患有可能得不到及时发现和处理。为保障设备主人制的有效运转，引入设备主人轮换制度，根据设备主人职责履行情况及效果，在一定周期内对设备主人进行轮换。

2) 设备主人激励制度。输电线路主人比普通运维人员承担的工作繁重，采取相应的奖励和考核机制促进输电线路主人管理制度持续健康发展。

a. 月度绩效。实施月度绩效考核机制，严格按照评分细则进行打分，分为不合格（60分以下）、合格（60~70分）、良好（70~80分）、优秀（80分以上）4个档次。以考评周期内的数据为依据，对于严格履职并积极督促问题整改的，可减轻或豁免责任。根据设备主人考评情况提出工作建议，对履职不佳的应进行约谈和辅导。优化绩效方案，对考评结果在60分以上的设备主人和设备专责人进行绩效加分和激励。

b. 年度评优。每年组织年度优秀设备主人的评选工作，在年度履职考评的基础上，评选优秀设备主人，年度绩效优秀必须为设备主人。优秀设备主人推荐条件为：年度履职考评结果为优秀；积极开展设备管理监督工作，对监督发现问题积极通过工作联系单协调解决；积极对设备运维、技改检修和规程修编提出有效建议；积极推动设备台账和档案完善工作。

附录 A 输电专业集中监控建设管理办法

第一章 总 则

第一条 为实现输电监控中心（以下简称"监控中心"）全业务规范化管理，推动设备全息感知、智能研判及新一代设备资产管理体系应用效果提升，加快推进输电专业数字化转型，实现输电专业设备、人员和业务管理向全景远程集中监控模式转变，依据国网公司和省公司有关规定，特制定本制度。

第二条 本制度明确了集中监控职责分工、业务管理、状态监测装置管理、值班制度、准入培训、考核评价等内容。

第三条 本制度适用于输电全景监控中心，业务范围包括 35 千伏及以上输电线路状态监测装置应用管理、无人机巡检业务管控、数据统计分析等。

第二章 职 责 分 工

第四条 运检部作为集中监控业务管理部门，应履行以下职责：

（一）贯彻落实国网公司和省公司集中监控管理相关工作要求，指导、督促和检查集中监控业务实施情况，并制定本单位监控中心管理办法。

（二）组织推进 PMS3.0 应用群的实用化工作。

（三）组织状态监测装置的实用化工作，定期上报本单位监控业务情况。

第五条 生产指挥中心作为运检部业务支撑部门，应履行以下职责：

（一）负责接收省级管控中心下发的相关任务，分解、下发至监控中心执行，并落实跟踪、闭环管控。

（二）负责收集状态监测装置发现的缺陷和隐患信息，对于严重及以上设备缺陷、重大隐患，经运检部审核后上报省级管控中心。

（三）负责督促监控中心开展异常及事故处置、电网风险预警等处置闭环。

第六条 输电运检中心作为集中监控业务实施部门，下辖各部室应分别履行以下职责：

（一）技术室

1. 负责统筹管理监控中心业务，协调、指导监控中心及各运检班组（县公司）工作，定期召开工作会议，对集中监控业务的开展情况进行分析、总结、提升。

2. 负责建立完善监控中心管理体系，并开展监控中心运行管理质量的评价、考核工作。

3. 组织开展本单位监控相关业务和无人机巡检技能培训工作。

4. 负责组织状态监测装置、无人机巡检装置质量评估，做好设备维保、消缺、报废工作，并负责相关技改、大修、租赁等项目管理工作。

5. 负责统筹协调、指导突发事件处置工作，并组织应急演练。

6. 负责监督监控中心的信息数据安全管理，并协调解决相关问题。

（二）安监室

1. 负责督查监控中心所辖业务涉及的安全生产工作相关风险管控。

2. 负责检查监控中心存在的消防隐患，并督促整改。

（三）监控中心

1. 负责落实上级部门下发的相关管理制度和业务要求。

2. 负责输电线路的日常监测，及时研判预警信息，并派发告警工单，跟踪告警工单闭环情况。

3. 负责管控状态监测装置及系统运行状态，在状态监测装置及系统突发故障、断电等紧急状况时，通知班组加强对相应区段杆塔巡视，并梳理故障状态装置清单上报技术室。

4. 负责录入、跟踪、闭环状态监测装置发现的缺陷、隐患，对于重大缺陷、隐患应及时上报技术室。

5. 负责状态监测装置和无人机巡检装置台账维护工作，收集运检班组安装需求，并开展质量评估，做好设备维保、消缺、报废等工作。

6. 负责按照公司信息数据安全管理相关要求开展监控相关业务数据接入、统计、分析及信息报送工作。

（四）运检班组

1. 负责执行技术室、监控中心派发的相关工作任务，并按照时间节点及时反馈，辅助开展班组所辖线路的监控工作。

2. 负责核实、处置告警工单，并及时反馈现场复核、处置情况。

3. 负责履行状态监测装置的设备主人职责，提出状态监测装置安装、迁移等需求，无人机采购、更换、维修等需求，并反馈监控中心。

4. 负责状态监测装置日常巡视、现场验收、配合设备现场调试。

5. 负责录入、闭环巡视中发现的状态监测装置缺陷，并反馈至监控中心存档。

6. 负责配合监控中心做好状态监测装置台账管理工作。

第七条 县公司输电运检班组参照输电运检中心运检班组职责执行。

第三章 业 务 管 理

第八条 输电集中监控工作主要分为状态监控、作业管控和数据管理。其中状态监控包括设备状态告警监视和主动巡视。

第九条 设备状态告警监视是指监控中心依托PMS3.0应用群汇集的线路本体状态和通道环境等告警信息进行监视，监控人员初步分析研判后以工单等形式告知相应运维班组，并跟踪闭环。

（一）监控人员应在收到预警信息8分钟内完成初步分析研判，若存在对输电线路造成危险的可能性，需运维人员现场确认或处置，监控人员8分钟内完成告知及工单派发，运维班组3分钟内作出回应，原则上30分钟内反馈处理情况，移动终端同步完成工单闭环（路途远可适当延期，具体视情况而定）。

（二）预警工单派发至对应运维班组及现场护线人员移动终端，并告知运维班组负责人。

（三）需现场确认或处置的预警，在运维人员未到达现场管控前，监控人员应通过主动拍照、实时视频等方式跟踪隐患发展情况。

（四）监控中心应每天查看状态监测装置运行状况，及时将离线告警1天及以上的状态监测装置，派发装置维保工单，督促并跟踪装置维修进度，恢复后方可闭环工单。

（五）监控中心发现PMS3.0应用群出现宕机、无告警推送、延时推送等异常情况时，应及时记录并反馈至系统运维组，及时告知运维班组期间加强现场巡视。

（六）监控中心定期对设备状态告警、监视业务数据进行分析统计并发布。

第十条 主动巡视是指通过以可视化设备为主的状态监测装置对线路本体状态和通道环境开展远程巡视，监控中心对发现的缺陷、隐患等异常信息以工单等形式告知相应运维班组，并跟踪闭环。具体包括全面轮巡、特殊巡视和督察性巡视。

（一）全面轮巡：对已安装可视化装置的线路通道，全面轮巡周期一般不超过6小时；具备智能识别、自主预警功能的装置或重要等级较低的线路通道，轮巡周期可适当延长，但一般不超过24小时。

（二）特殊巡视：特殊区段（重要"三跨"、重大施工隐患等）、特殊时段期间的涉保线路（电网风险预警、特殊气象预警、重大保电时段等）巡视周期一般不超过1小时。特殊时段（电网风险预警、特殊气象预警、重大保电时段等）执行前，应开展一次特殊巡视。

（三）督察性巡视：根据线路保供电情况、恶劣天气等气候情况、线路风险预警情况等开展督察性线路巡视，并形成巡视记录。

第十一条 作业管控是指监控中心对巡视、检修、检测等作业进度、质量的全过程进行跟踪，定期对作业情况进行数据统计分析。主要内容包括：

（一）根据专业部门制定的标准和要求，对计划执行进度进行监督提醒，对计划完成质量和系统工单闭环情况进行抽查验证，并形成报告及时反馈。

（二）根据专业部门派发的重点任务，监控中心做好任务执行情况的进度提醒和质量初审，并及时反馈。

（三）监控中心根据专业部门下发的重要及以上缺陷、危险点、隐患等清单及治理期限要求，及时跟进缺陷处理闭环情况，跟踪危险点、隐患等巡视和治理情况，期间做好进度提醒。

第十二条　数据管理是指监控中心对设备状态、异常告警、缺陷隐患等开展数据统计分析，并建立信息报送机制。主要内容包括：

（一）监控本单位状态监测装置运行状况，状态监测装置在线率、投运率、准确率及设备故障原因等数据统计分析，及时将状态监测装置故障原因反馈至技术室审核，由运检部批准后报送至电科院，为供应商评价做好数据支撑。

（二）通过状态监测装置监控本单位输电线路的运行状态，开展状态监测装置告警信息处置，及时将异常事件派发至运检班组处理，跟踪异常事件状态变化，做好异常事件的闭环记录。

（三）开展本单位移动巡检、无人机巡检、集中监控等业务情况的统计分析，并及时反馈。

（四）细化告警数据统计分析（如高频保供电线路清单、预警工单集中区域和时间分布等），挖掘数据应用价值，为精益化运检提供辅助决策。

第四章　状态监测装置管理

第一节　安装与投运

第十三条　监控中心在应用系统完成重要技术文件（技术规范书、入网检测报告、抽样检测报告等）上传后方可开展装置安装。

第十四条　安装前，监控中心需提前三天向专业化运维团队提供状态监测装置安装清单，装置现场安装时，应与专业化运维团队进行数据对点，确保数据的连通性和准确性。

第十五条　装置安装完成后，监控中心查验数据稳定性、完整性、准确性等指标，并通过一周试运行后提出投运申请，并提供详细清单。

第十六条　一周试运行未通过的装置，由监控中心联系设备生产厂家或安装单位进行检查消缺，原则上试运行消缺时间不得超过一个月。

第二节 维 保 与 评 价

第十七条 监控中心定期开展状态监测装置故障排查,并根据排查情况编制设备维保申请单,由技术室审核通过后开展维保工作。

第十八条 监控中心编制故障装置检修计划,针对无须停电检修的装置原则上应在15天内完成现场消缺;针对需要停电检修的装置,应结合年度停电计划开展消缺。

第十九条 监控中心负责在现场检修完成后,组织装置检修验收及应用系统传输数据准确性复核,核验无误后方可视为消缺完成,并将更换设备抽样送往电科院进行检测。

第二十条 监控中心及时做好状态监测装置的检修情况、线路移塔变更、预置位调整、通信卡更换等信息记录和运维管控。

第二十一条 监控中心定期统计频繁故障、误告警的装置和售后服务不到位、消缺成功率低的供应商,及时开展原因分析。对存在家族性缺陷、批次性缺陷或售后整改不到位的供应商,应及时上报技术室审核,经运检部批准后上报上级专业管理部门。

第三节 退 运 与 报 废

第二十二条 监控中心开展状态监测装置退运鉴定和申请,由技术室审核后,经市公司运检部批准,上报至系统运维组。

第二十三条 状态监测装置运行满八年且设备状态不能满足正常运行要求,监控中心向专业化运维团队提交《输电监测装置退运申请表》进行装置退运处理。

第二十四条 装置运行超过三年但少于八年,装置厂家不维保、不生产、产品迭代无法消缺、线路退役、线路拆除、设备损坏严重不具备维修条件等特殊情况,监控中心向专业化运维团队提交《输电监测装置退运申请表》并详述退运原因说明。

第二十五条 退运装置由监控中心按照《国家电网公司电网实物资产退役管理规定程序》进行物资报废。

第五章 值 班 制 度

第二十六条 监控值班采用轮班制,按批准的倒班方式开展值班,其中常规时间7×13小时(7:00~20:00)值班、迎峰度夏期间7×17小时(5:00~22:00)值班、应急期间7×24小时值班。值班人员未经批准不得擅自调班,不得将无关人员带入值班场所。

第二十七条 监控中心班长负责安排值班计划,日常工作时间每值值班员不得少于2人,其他时间段不得少于1人,其中设置1名当值值长。覆冰、台风和重大保供电等特殊时期应由中心协调增派人手辅助监控。

第二十八条 建立岗位轮换机制,定期调整监控人员的监控业务类型,确保每位监控人员全面掌握所有监控业务。

第二十九条 值班期间，监控人员应严格遵守劳动纪律，不得进行与工作无关的活动，应保持工作区域干净整洁。当值人员严禁饮酒或酒后上岗。

第三十条 值班期间，监控人员应认真做好值班记录，所记录的异常事件要与真实情况相符，要求内容得当、表述清楚、格式规范。与各级人员开展业务联系时应使用普通话及规范用语，严格执行录音、记录制度。

第三十一条 值班期间，监控人员应严格按照公司信息安全要求使用计算机及数码存储设备，做好各种资料的整理、归档工作，按资料保密程度进行保管，严禁涉密资料外泄。

第三十二条 监控人员应认真完成当值的各项工作，原则上不得将自己未完成的工作无故拖延至下一班。

第三十三条 建立交接班制度，做到当值工作交接两清，并履行交接班签字手续，交班人员对交班内容的正确性负责。因交班人员未交待或交待不清发生问题，由交班人员负责；因接班人员未按规定和交接事项开展工作，由接班人员负责。交接班时做好当日工作梳理和下一班工作提醒。

第三十四条 值班监控员应按规定时间完成交接班工作。交班人员应提前检查本班工作完成情况，将交接班资料准备齐全，补充完善值班日志，完成重点移交事项的梳理、填写，完成台面卫生清理。接班人员应提前15分钟进入值班室并开展交接班工作，不得无故迟到。

第三十五条 交接班时发生设备监测异常事件，应停止交接班，由交班人员处理，接班人员协助工作。

第三十六条 交接班包含以下内容：

（一）监控范围内的设备运行情况、异常事件、缺陷隐患新增及消除、风险预警等管控情况。

（二）各类状态监测装置异常和故障的消缺、跟踪及闭环处理情况。

（三）新安装状态监测装置入网申请、台账登记和远程验收情况。

（四）PMS3.0应用群等各类系统运行情况。

（五）值班日志和各类记录报表等情况。

（六）上级布置的工作、指示及其他重要事项。

第六章 准 入 培 训

第三十七条 建立分层次培训体系，由监控中心根据业务需求针对性地制定年度培训计划，由输电运检中心上报市公司人资部，经批准后按计划开展培训。

第三十八条 培训内容包括：

（1）监控业务相关规章制度。

（2）监测业务流程与规范。

（3）状态监测装置功能与应用。

（4）输电线路基本知识及现场培训。

（5）应急处置。

第三十九条　监控人员应满足岗位要求，熟悉线路设备和异常事件处置流程，掌握输电线路监控技术，并经考试合格后方可上岗。

第四十条　新进监控人员（含转岗）上岗前需跟班实习至少一个月。

第四十一条　监控人员因故离岗 1 个月以上，上岗前应至少跟班实习 3 天，熟悉设备情况后方可恢复工作。监控人员因工作调动或其他原因离岗 3 个月以上者，必须经过培训并经考试合格后方可再次上岗。

第七章　考　核　评　价

第四十二条　市公司运检部定期对输电运检中心监控业务开展情况进行检查评价，每年度应开展不少于一次评价考核。

第四十三条　监控人员考核评价采用指标量化评分。考核评分包括劳动纪律、预警工单处置、监控设备台账管控、运维检修过程管控共四项指标评价得分。

第八章　附　　则

第四十四条　本办法由市公司运检部负责解释并监督执行。

第四十五条　本办法自下发之日起执行。

附录 B　输电线路状态监测装置应用实施细则

第一章　总　　则

第一条　为进一步规范国网浙江省电力有限公司（以下简称"公司"）输电线路状态监测装置（以下简称"装置"）应用管理，充分发挥装置在设备状态监测、运行评估及故障预警等方面的重要作用，提升输电专业运检工作质效、提高设备安全运行水平，制定本实施细则。

第二条　本细则明确了装置应用管理职责分工、通用要求、配置原则、检测试验、运维管理以及考核管理等方面的要求。

第三条　本细则适用于公司 35 千伏及以上电压等级输电线路（含架空和电缆）所属装置的应用管理工作。

第四条　原《浙江电网输电线路在线监测装置入网检测规范（试行）》（浙电生字〔2011〕117 号）、《国网浙江电力设备部关于印发输电线路在线监测装置运行及应用管理补充规定的通知》（浙电设备字〔2021〕32 号）同时废止。

第二章　职　责　分　工

第五条　设备管理部职责：

（一）装置的归口管理部门，负责制定总体建设规划，管理建设、运维、应用等工作。

（二）贯彻国网公司技术标准、规章制度，负责制定、修编公司技术标准、规章制度并监督落实。

（三）负责组织装置的应用系统建设、培训工作和完善推广应用。

（四）负责组织装置的技术评估、入网许可、试点应用审核和评价。

（五）负责装置规约测试工作的指导和考核。

（六）负责指导、督促和协调相关单位开展装置的实用化工作，并对其进行评估、考核。

第六条　省电科院职责：

（一）装置的技术支撑单位，协助做好装置的全过程运行管理和技术管理。

（二）负责组织开展装置的入网检测和抽样检测。

（三）负责组织开展装置规约的制定、测试。

（四）负责装置监测数据的告警阈值管理。

（五）负责开展装置应用分析和状态评价工作。

（六）协助开展装置系统的考核管理和技术交流培训。

第七条 地市公司职责：

（一）装置的运维管理单位，负责本单位装置的全寿命周期管理工作。

（二）负责贯彻执行上级颁布的标准、规程及规定，确保日常管理到位。

（三）负责所辖装置的需求上报、安装调试、主站接入、验收投运、台账维护、运行巡视、检修维护等工作。

（四）负责监视所辖装置的监测数据和被监测设备状态，定期开展监测数据分析和设备状态评价，发现异常情况及时联系有关单位，并组织处理。

（五）负责提出所辖装置状态量阈值的修改需求，配合开展阈值设置和调整。

（六）负责开展本单位所辖装置及应用系统的业务应用培训和实用化工作。

第八条 华云信息科技公司职责：

（一）负责装置规约检测实验室安全生产、信息安全管理。

（二）负责应用系统日常维保、功能优化、装置告警阈值的发布和更新。

（三）装置规约测试的配合执行单位，按照省电科院统一安排和设备规约测试标准对送检装置进行检测，出具检测报告并报送省电科院审核。

（四）装置日常巡视、故障诊断分析的配合执行单位，配合运维单位做好特殊天气以及重大保电期间的值班工作。

第三章 通 用 要 求

第九条 输电状态监测装置是指能够实时采集输电线路设备本体、气象环境、通道状况等信息，并通过通信网络将信息传输到应用系统的监测装置。

第十条 应用系统是指能够接入各类状态监测信息，进行集中存储、统一处理和应用的一种计算机系统。一般包括数据接入网关机（CAG）、集中数据库、数据服务、数据加工及各类状态监测应用功能模块。

第十一条 边缘物联代理是指对各类状态传感器、智能业务终端进行统一接入、数据解析和实时计算的装置或组件。

第十二条 装置应遵循简单、可靠、适用的原则，采用标准化、模块化、小型化以及低功耗设计，满足输电线路户外自然环境下长期可靠运行的要求，不应影响输电线路的运行安全。

第十三条 装置应具备可靠的通信方式，确保及时将监测的数据传输给应用系统，同时信息通信应满足安全接入要求。原则上图像类和视频类非结构化数据接入互联网大区侧应用系统，其余结构化数据统一直接接入内网侧应用系统。

第十四条 应根据工程的实际情况，合理地选择装置方案。对同一走廊多条线路或环境条件相近地区，应统筹优化考虑现场布点，避免重复建设。

第四章 配 置 原 则

第十五条 装置根据技术成熟度，可分为试点应用和全面应用两个阶段，应根据产品技术成熟度以及相关标准规范文件按要求进行装置配置。架空线路状态监测装置分类表详见附表 B.1，高压电缆状态监测装置分类表详见附表 B.2。

第十六条 试点应用阶段装置是指监测技术原理已验证完成或在特定项目中需要进行应用的装置。对于试点应用阶段装置，由各单位提出需求，省电科院负责组织评估，设备管理部审核后开展相关试点应用。

第十七条 全面应用阶段装置指产品技术高度成熟、运行可靠性极高、发挥作用被充分论证，对于设备关键状态量监测具有明显且不可替代的作用，为确保特定设备安全运行宜全面配置的装置。

第十八条 电科院定期组织装置技术成熟度评估并开展动态更新，经设备管理部审核后发布各类装置技术成熟度分类及管控要求。

第五章 装 置 检 测

第十九条 根据检测目的差异，状态监测装置检测工作分为入网检测和抽样检测，架空线路状态监测装置检测项目详见附表 B.3，高压电缆状态监测装置检测项目详见附表 B.4，输电线路状态监测装置检测流程详见附表 B.5。

第二十条 有以下情况之一时，应进行入网检测：
（1）首次进入浙江电网的装置。
（2）生产制造工艺发生重大变化的装置。
（3）检测报告有效期失效的装置。

第二十一条 入网检测包含型式试验以及联调试验两部分，其中型式试验由省电科院负责检测或由厂家提供同等机构出具的型式试验报告，联调试验包括规约一致性检测、72小时稳定性检测。状态监测装置规约检测工作联系单模板详见附表 B.6。

第二十二条 入网检测采用样品送检方式，送检工作由装置生产厂家完成，并向省电科院提交检测申请，送检样品应与实际供货的产品完全一致，应包括必要的配件（或显示系统），以便于检测工作。若电科院不具备检测能力，由省电科院、申请单位和第三方单位协商开展入网检测工作。

第二十三条 入网检测报告有效期为三年，入网检测合格方可允许挂网运行。

第二十四条 抽样检测采取随机方式从入网检测合格的产品批次中进行抽样，抽样及送检工作由装置运维单位完成，并向省电科院提交检测申请。

第二十五条 抽样检测中，每个供应商、每种型号、每个批次的产品，原则上应按照供货量的3%比例且不少于3台进行抽检，并须查验是否与通过入网检测的设备参数一致。

第二十六条 入网检测和抽样检测中样品出现故障允许进行1次修复，修复完成后加倍抽样，如检测项目仍不合格，则判定该装置不合格，检测结果作为供应商考核和追责依据。

第六章 运维管理

第一节 安装与投运

第二十七条 运维单位在应用系统完成重要技术文件（技术规范书、入网检测报告、抽样检测报告）上传后方可开展装置安装。

第二十八条 装置安装应具备必要的图纸以及相关的施工方案，装置的安装方式和位置应不影响被监测设备的运行和维护。

第二十九条 运维单位至少提前一周完成现场实地勘查及SIM卡申请，且SIM卡号办理主体必须为运维单位（分布式故障监测等需从武汉南瑞平台接入的状态监测装置除外）。

第三十条 运维单位提前三天并严格按照模板向应用系统运维组提供装置安装清单，应用系统运维组24小时内反馈装置编码。装置设备编码申请单模板详见附表B.7。

第三十一条 装置现场安装时，应与应用系统运维组进行数据对点，确保数据的连通性和准确性。

第三十二条 装置安装完成后，运维单位查验数据稳定性、完整性、准确性等指标，并通过一周试运行后提出投运申请，并按台账模板提供详细清单。应用系统运维组根据详细清单，维护主站设备台账信息，并设置当日为投运日期。装置投运台账模板详见附表B.8。

第三十三条 一周试运行未通过的装置，由运维单位联系设备生产厂家或安装单位进行检查消缺，原则上试运行消缺时间不得超过一个月，超期装置纳入运行设备考核。

第二节 监测数据管理

第三十四条 监测数据的默认告警阈值和策略由省电科院结合工程设计方案、设备重要程度和运行监测需求制定，经专业评估和设备管理部审核后统一发布。

第三十五条　监测装置的数据采集周期应根据装置的类型及运行监测需求设定。

第三十六条　监测数据存储在应用系统并满足装置全寿命周期管理要求。若装置更换后，原存储数据仍应保留。

第三十七条　状态监测装置出现长期离线、数据偏差较大等异常状态时，运维单位应确认其是否存在以下情况：

（1）外部接线、网络通信是否出现异常；

（2）现场是否有强烈的电磁干扰源发生；

（3）装置（传感器部分）是否有外观异常；

（4）装置区域是否有异常天气；

（5）针对感应取电设备，线路是否处于检修或热备用状态。

第三十八条　运维单位发现监测数据存在频繁越限、趋势异常等误告警情况，应及时告知省电科院，由省电科院组织开展有效性分析和校对。

第三节　维保与评价

第三十九条　运维单位负责通过应用系统进行装置日常应用及数据监视，对存在异常的装置进行登记，组织开展异常问题技术分析并明确检修消缺策略。

第四十条　运维单位组织落实检修计划，针对无须停电检修的装置原则上应在15天内完成现场消缺；针对需要停电检修的装置，应结合年度停电计划开展消缺。

第四十一条　运维单位负责在现场检修完成后开展装置检修验收及应用系统传输数据准确性复核，验收无误后方可视为消缺完成。

第四十二条　运维单位负责做好输电状态监测装置的检修情况、线路移塔变更、预置位调整、通讯卡更换等信息记录和运维管控。

第四十三条　运维单位负责按照《国网浙江省电力有限公司公网统一租用业务管理办法（试行）》相关要求，落实业务申请与变更、年度需求计划和服务采购申请等事宜，确保装置所用SIM卡纳入统一租用管理。

第四十四条　运维单位负责定期统计频繁故障、误告警的装置和售后服务不到位、消缺成功率低的供应商，及时开展原因分析和履约考核。对存在家族性缺陷、批次性缺陷或售后整改不到位的供应商，应及时上报设备管理部和省电科院，纳入供应商装置质量和服务评价。

第四十五条　针对试点应用阶段的装置，由试点单位对运行成效进行评价并编制技术总结报告，设备管理部组织开展应用成效审核。

第四十六条　按年度定期开展装置评价工作，由运维单位梳理、电科院复核，评价内容包含监测数据质量、告警情况、故障维修情况等。

第四节 退运与报废

第四十七条 运维单位负责装置退运鉴定和申请,省电科院每季度组织退运情况核实,对于不符合退运条件而退运的设备纳入运维考核管理。

第四十八条 装置运行满八年且设备状态不能满足正常运行要求,运维单位向应用系统运维组提交《输电监测装置退运申请表》进行装置退运处理。输电线路状态监测装置设备退运申请单模板详见附表 B.9。

第四十九条 装置运行超过三年但少于八年,装置厂家不维保、不生产、产品迭代无法消缺、线路退役、线路拆除、设备损坏严重不具备维修条件等特殊情况,运维单位向应用系统运维组提交《输电监测装置退运申请表》并详述退运原因说明。

第五十条 装置运行未超过三年,原则上不予以退运。

第五十一条 退运装置可参照《国家电网公司电网实物资产退役管理规定程序》办理物资报废流程。

第七章 考核管理

第五十二条 装置考核管理工作由公司设备管理部组织,省电科院具体实施,考核指标为装置在线率、投运率和准确率,考核指标按地市公司统计,考核周期按月度计算(覆冰监测只计算每年 11 月到次年 3 月),相关考核情况纳入地市公司月度专业指标。

第五十三条 全面应用类装置均纳入考核,试点应用类装置只统计不考核。所有指标统计均按整机装置进行统计。退运、拆除以及报废状态装置不纳入考核。

第五十四条 因通道通信中断、主站侧及感应取电装置因停电检修而引起的数据传输中断,待数据恢复后由应用系统统一剔除影响时段的指标。

第五十五条 设备厂家家族性缺陷可申请免考核,运维单位提交《输电监测装置免考核申请表》和佐证材料,省电科院审核评估后反馈运维单位及应用系统运维组。输电线路状态监测装置免考核申请表模板详见附表 B.10。

第五十六条 在线率指标

在线率=管辖范围内的装置实际在线总天数/管辖范围内装置应在线总天数×100%。

装置应按规定的采集周期上送数据,一天内装置上送的数据>装置应采集数据数量×0.5,则视为该天在线,否则判定为不在线。

第五十七条 投运率指标

投运率=管辖范围内装置实际投运数量/(管辖范围内装置投运数量+管辖范围内装置调试数量)×100%。

第八章 附 则

第五十八条 本规定由国网浙江省电力有限公司设备管理部负责解释。

第五十九条 本规定自印发之日起施行。

附表 B.1　　　　　　　　　架空线路状态监测装置分类表

分类	监测装置类型	功能要求	配置原则	相应规范
全面应用	气象监测装置	监测参数应包含风速、风向、环境温度、环境湿度、大气压、雨量、日照等气象参数	（1）以下区段或区域线路应安装：大跨越、易覆冰区和强风区等特殊区段；因气象因素导致故障（如风偏、非同期摇摆、脱冰跳跃、舞动等）频发的线路区段；传统气象监测盲区、行政交界区、人烟稀少区、高山大岭区等无气象监测台站的区域。 （2）线路微气象覆盖率（以杆塔为单位）按照 1 套/10km 安装，其中微地形、微气象区域按照 1 套/3km 安装	Q/GDW 1243—2015《输电线路气象监测装置技术规范》
	智能监拍装置	应具备图像采集、传输和自检、自恢复等功能	（1）500kV 及以上架空输电线路应逐塔可视；220kV 架空输电线路应全线可视；110、220kV 架空输电线路重要跨越、外破易发、山火易发等重点监控区段原则上应逐塔可视。 （2）重要跨越区段架空线路配置要求：跨电气化铁路区段、跨高速公路区段、跨重要输电通道区段应配置智能监拍，且扩展云台变焦功能；跨越江河、湖泊、海洋、道路和管道等区段应配置智能监拍。 （3）外破易发区段架空线路配置要求：施工外破易发区应配置智能监拍，且扩展云台变焦功能，且扩展红外功能；山火易发区应配置智能监拍，且扩展红外探测、云台变焦功能；垂钓多发区、通道树（竹）快速生长区、人员活动密集区、漂浮物易发区应配置智能监拍，且扩展云台变焦功能；通道树（竹）快速生长区宜配置带弧垂测量功能的导线精灵。 （4）其他风险区段架空线路配置要求：易覆冰区在等值式覆冰监测装置的基础上宜配置智能监拍，且扩展光学透雾、镜头自加热功能；采动影响区、地质灾害区、偷盗多发区应配置智能监拍，且扩展云台变焦功能	Q/GDW 12068—2020《输电线路通道智能监拍装置技术规范》
	视频监控装置	应具备数据采集、传输和自检、自恢复等功能	跨越高速铁路区段应配置视频；Ⅰ类外破隐患点视情况可配置视频；易舞动区宜配置视频	Q/GDW 1560.2—2014《输电线路图像视频监控装置技术规范 第 2 部分视频监控装置》
	覆冰监测装置	应能进行线路覆冰的定量测量、数据记录及分析、等值覆冰厚度换算，同时也具备测量导地线综合荷载、绝缘子串偏斜角、气象参数（温度、湿度、风速、风向）等功能	（1）以下区段或区域线路应安装：曾经发生严重覆冰的区域；重冰区部分区段线路；迎风山坡、垭口、风道、大水面附近等覆冰特殊地理环境区；与冬季主导风向夹角大于 45°的线路易覆冰舞动区。 （2）优先选择拉力式覆冰监测装置	Q/GDW 1554—2015《输电线路等值覆冰厚度监测装置技术规范》

续表

分类	监测装置类型	功能要求	配置原则	相应规范
全面应用	导线温度监测装置	应具备监测架空输电线路导线、部分接续金具的表面温度等功能	进行动态增容、过载特性试验及大负荷区段的导线；进行交直流融冰的导线	Q/GDW 1244—2015《输电线路导线温度监测装置技术规范》
全面应用	分布式故障监测	分散布置在输电线路导线上，利用行波测量原理进行故障点定位及故障原因辨识的装置	（1）220kV及以上线路全覆盖，110kV混合线路、跨区线路和重要线路全覆盖。（2）架空线路长度在30km以内配置2套，线路长度超30km的按每增加30km增配1套（增加长度不足30km的按30km计）。（3）为保障测量精度，跨地区联络线路交界处宜增配1套	Q/GDW 11660—2016《输电线路分布式故障监测装置技术规范》
试点应用	杆塔倾斜监测装置	应能测量杆塔的倾斜角和倾斜度	采空区、沉降区、土质松软区、淤泥区、易滑坡区、风化岩山区或丘陵等不良地质区段；已发现杆塔倾斜需动态观察区段；重要线路大转角杆塔、终端塔等。采空区、地质灾害频发区杆塔按1套/5km安装	Q/GDW 559—2010《输电线路杆塔倾斜监测装置技术规范》
试点应用	微风振动监测装置	应能测量导、地线的振幅及频率等振动参数	跨越通航江河、湖泊、海峡等的大跨越；可观测到较大振动或发生过因振动断股的档距。风振严重区杆塔覆盖率按照1套/3km安装，优先选择振动式或北斗式监测装置	Q/GDW 245—2010《输电线路微风振动监测装置技术规范》
试点应用	导线舞动监测装置	应能测量导、地线的舞动幅度、频率等参数，并具备测量相应气象参数（温度、湿度、风速、风向）等功能	曾经发生舞动的区域；与冬季主导风向夹角大于45°的输电线路、档距较大的输电线路；易发生舞动的微地形、微气象区的输电线路。Ⅱ、Ⅲ级舞动区线路按照耐张段安装，优先选择振动式或北斗式监测装置	Q/GDW 555—2010《输电线路导线舞动监测装置技术规范》
试点应用	导线弧垂监测装置	应能直接测量导线弧垂或对地距离，或采集相关变量（如导线倾角、温度、张力等）并计算得出导线弧垂与对地距离状态量	跨越高速铁路、高速公路和重要输电通道的架空输电线路区段；需要开展导线增容的关键线路区段；存在安全距离不足隐患需重点监测的线路区段；需验证新型导线弧垂特性的线路区段。可按照每耐张段1套部署	Q/GDW 10556—2017《输电线路导线弧垂监测装置技术规范》
试点应用	风偏监测装置	应能采集直线塔绝缘子串、耐张塔跳线或档中导线风偏角和偏斜角等数据	风区分布图中风速极大的特殊区域和曾经发生过风偏放电的直线塔悬垂串或耐张塔跳线；常年风速过大且与主导风向垂直的档距；典型微地形区域及飑线风易发区域。大风区可按照每耐张段1套部署	Q/GDW 10557—2017《输电线路风偏监测装置技术规范》
试点应用	现场污秽度监测装置	应能采集绝缘子串表面所附的盐密值、灰密值等数据	人工测量开展困难的区域及需短期高频率监测的特殊污秽区域；重要输电通道主要污染源区域；曾经发生过污闪事故或现有爬距不满足要求的区域。污秽严重地区可按照每1套/5km安装	Q/GDW 10558—2017《输电线路现场污秽度监测装置技术规范》

注　参考《输电线路状态监测装置通用技术规范》(Q/GDW 1242—2015)、《架空输电线路在线监测设计技术导则》(Q/GDW 11526—2016)。

附表 B.2　　　　高压电缆状态监测装置分类表

分类	典型监测装置类型	功能要求	一级电力隧道	二级电力隧道	三级电力隧道	其他型式电缆
全面应用	接地电流监测装置	由电流互感器、信号采集单元、通信单元、监测主机等组成，用于监测电力电缆接地电流的装置	●	●	●	●

续表

分类	典型监测装置类型	功能要求	一级电力隧道	二级电力隧道	三级电力隧道	其他型式电缆
全面应用	水位监测装置	由水位传感器、数据采集单元、通信单元、监测主机等组成,用于监测电缆通道内水位情况的装置	●	●	●	—
	气体监测装置	由气体传感器、数据采集单元、通信单元、监测主机等组成,用于监测电缆通道内一氧化碳、硫化氢、氧气、甲烷等气体浓度的装置	●	●	●	—
	温度监测装置	由测温控制主机、测温光缆等组成,监测电力电缆本体、附件以及环境温度的装置	●	●	●	○
	可视化监控装置	利用图像/视频探测技术、监视设防区域并实时显示、记录现场图像/视频的装置	●	●	●	○
	故障精确定位装置	由故障行波传感器、授时单元、监控主机等组成,用于监测和判别电力电缆故障点位置的装置	●	●	○	○
	智能巡检机器人	由移动载体、通信设备和检测设备等组成,采用遥控或全自动运行模式,用于高压电缆通道设备巡检作业的移动巡检装置	○	○	○	○
试点应用	电缆通道光纤振动防外破监测装置	由振动光缆和振动监测主机等组成,利用沿电缆通道敷设的振动光缆作为传感器,采用光纤振动传感技术对电缆通道沿线外破威胁事件进行实时监测、识别判定及定位预警的装置	○	○	○	○
	井盖监控装置	由井盖、井盖电控锁、通信单元、监测主机等组成,用于监测和控制电缆通道井盖开合状态的装置	●	—	—	—
	局部放电监测装置	由传感器、信号采集单元、通信单元、监测主机等组成,用于监测电力电缆本体及附件局部放电情况的装置	○	○	○	○
	沉降监测装置	沉降监测装置宜安装在深回填区域、与其他隧道或地下构筑物产生交叉跨越处或存在沉降风险的重点区域	○	○	○	○

注 1. ●表示应安装;○表示可选择安装。
2. 长度达到1km及以上的一级电力电缆隧道应安装智能巡检机器人。
3. 参照《电力电缆及通道在线监测装置技术规范》(Q/GDW 11455)、《隧道内电力电缆本体及环境监测配置技术原则》(Q/GDW 12066)。

附表 B.3　　　架空线路状态监测装置检测项目

序号	检验项目分类	检验项目	入网检测	抽样检测
1	外观和结构检查	外观和结构检查	●	●
2	尺寸检查	质量和尺寸检查	●	●
3	防护等级试验	防护等级试验	●	●
4	准确度	准确度	●	●
5	功能检验	功能检验(数据传输规约测试)	●	●
6		连续运行试验(168h)	○	○
7	供电电源性能试验	额定容量/能量试验	●	●
8		30d 持续供电试验	●	○
9		荷电保持及能量恢复能力试验	●	—
10		高温能量保持率试验	●	—

续表

序号	检验项目分类	检验项目	入网检测	抽样检测
11	供电电源性能试验	低温能量保持率试验	●	—
12		过充电保护试验	●	—
13		过放电保护试验	●	—
14		过电流保护试验	●	●
15		电源供电时间等效试验	●	●
16	环境试验	低温试验	●	●
17		高温试验	●	●
18		交变湿热试验	●	●
19		温度变化（冲击）试验	●	—
20		覆冰试验	○	○
21		盐雾腐蚀试验	●	●
22		老化试验	●	—
23	电磁兼容试验	静电放电抗扰度试验	●	○
24		射频电磁场辐射抗扰度试验	●	○
25		电快速瞬变脉冲群抗扰度试验	●	○
26		浪涌（冲击）抗扰度试验	●	○
27		工频磁场抗扰度试验	●	○
28	电磁兼容试验	脉冲磁场抗扰度试验	●	○
29	电气性能试验	电晕和无线电干扰试验	●	○
30		电流耐受试验	●	●
31		温升试验	●	●
32		雷击试验	●	○
33	机械性能试验	振动试验	●	○
34		垂直振动试验	●	—
35		碰撞试验	●	—
36		运输试验	●	○
37	可靠性试验	可靠性试验	○	—
38	安全接入测试	安全接入测试	●	●

注　1. ●表示应做的试验项目，○表示可选做的试验项目，—表示不做的试验项目。
　　2. 参照《输电线路状态监测装置通用技术规范》（Q/GDW 1242—2015）。

附表 B.4　　　　　高压电缆状态监测装置检测项目

序号	检验项目	入网检测	抽样检测
1	结构和外观检查	●	●
2	基本功能检验	●	●
3	测量误差及重复性试验	●	○

续表

序号	检验项目	入网检测	抽样检测
4	长期可靠性试验	●	—
5	绝缘电阻试验	●	○
6	介质强度试验	●	○
7	冲击电压试验	●	○
8	电磁兼容性能试验	●	○
9	低温试验	●	○
10	高温试验	●	○
11	恒定湿热试验	●	○
12	交变湿热试验	●	○
13	振动试验	●	○
14	冲击试验	●	○
15	碰撞试验	●	○
16	防尘试验	●	○
17	防水试验	●	○
18	安全接入测试	●	●

注 1. ●表示应做的试验项目，○表示可选做的试验项目，—表示不做的试验项目。
 2. 参照《电力电缆及通道在线监测装置技术规范》（Q/GDW 11455—2015）。

附表 B.5　　输电线路状态监测装置检测流程

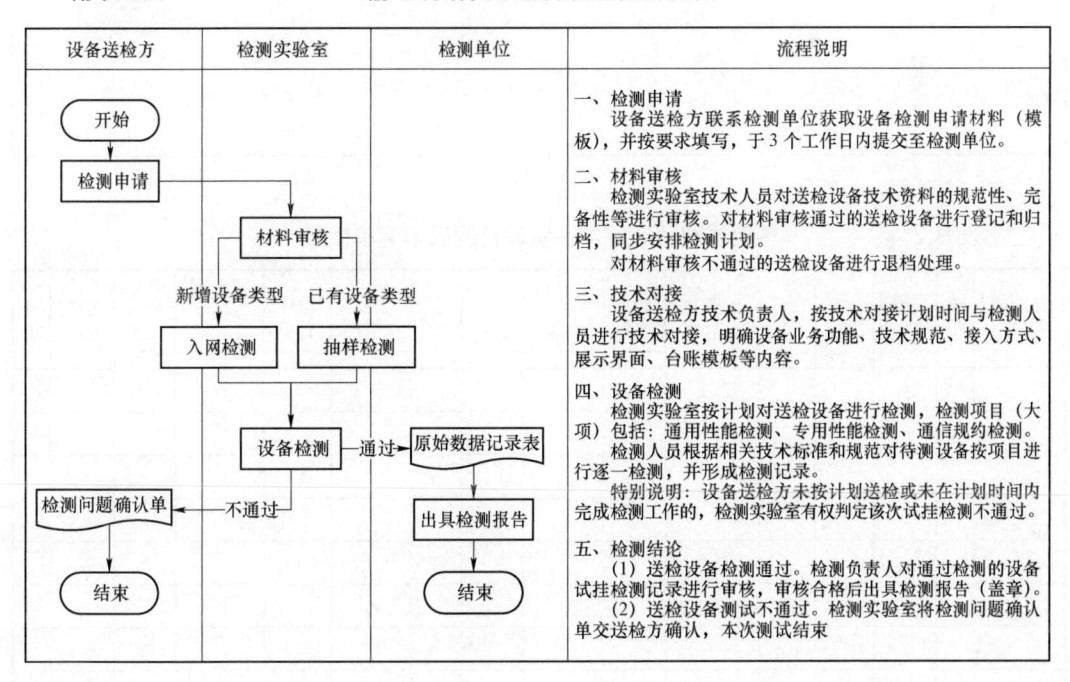

设备送检方	检测实验室	检测单位	流程说明
开始 ↓ 检测申请 ↓ 检测问题确认单 ↓ 结束	材料审核 （新增设备类型）入网检测 （已有设备类型）抽样检测 ↓ 设备检测—通过→ ↓不通过	原始数据记录表 ↓ 出具检测报告 ↓ 结束	一、检测申请 　　设备送检方联系检测单位获取设备检测申请材料（模板），并按要求填写，于3个工作日内提交至检测单位。 二、材料审核 　　检测实验室技术人员对送检设备技术资料的规范性、完备性等进行审核。对材料审核通过的送检设备进行登记和归档，同步安排检测计划。 　　对材料审核不通过的送检设备进行退档处理。 三、技术对接 　　设备送检方技术负责人，按技术对接计划时间与检测人员进行技术对接，明确设备业务功能、技术规范、接入方式、展示界面、台账模板等内容。 四、设备检测 　　检测实验室按计划对送检设备进行检测，检测项目（大项）包括：通用性能检测、专用性能检测、通信规约检测。 　　检测人员根据相关技术标准和规范对待测设备按项目逐一检测，并形成检测记录。 　　特别说明：设备送检方未按计划送检或未在计划时间内完成检测工作的，检测实验室有权判定该次试挂检测不通过。 五、检测结论 　　（1）送检设备检测通过。检测负责人对通过检测的设备试挂检测记录进行审核，审核合格后出具检测报告（盖章）。 　　（2）送检设备测试不通过。检测实验室将检测问题确认单交送检方确认，本次测试结束。

附表 B.6　　　输电线路状态监测装置规约检测工作联系单模板

事由	关于委托开展××装置规约检测的联系		
主送单位	浙江电科院 ××科技公司	抄送单位	省公司设备部
联系内容： 　　根据国网××供电公司××采购需求，已招标××装置，中标单位为××，数据计划接入信息内网/互联网大区，为确保装置入网运行安全，现申请开展××装置的规约检测，请华云科技公司对相关产品开展内网/互联网大区接入等入网规约测试，请浙江电科院进行审核。 　　特此联系，望予以协助支持。 　　　　　　　　　　　　　　　　　　　　　　　　　　　　　　　　　　　联系人/联系方式： 　　　　　　　　　　　　　　　　　　　　　　　　　　　　　　　　　　　日期：			

编制：　　　　　　　　　审核：　　　　　　　　　批准：

附表 B.7　　　输电线路状态监测装置设备编码申请单模板

监测装置类型	单位	电压等级	线路名称	杆塔	监测装置名称	装置型号	生产厂家	安装位置	SIM	SIM运营商	SIM套餐	所属县公司/市本部	所属项目	内网/互区	塔型

附表 B.8　　　　　　输电线路状态监测装置投运台账模板

监测装置类型	单位	电压等级	线路名称	杆塔	装置编码	监测装置名称	SIM	SIM运营商	SIM套餐	所属项目	备注

附表 B.9　　　　　　输电线路状态监测装置设备退运申请单模板

申请单位		申请日期	
申请人		审核人（签字&盖章）	
处理建议	☐ 退运	☐ 拆除	☐ 报废
申请原因			
清单信息			
备注			

填写说明：1. 此表须由申请单位运检部分管主任签字。
　　　　　2. 表格未尽事宜请用附件补充。

附表 B.10　　　　　　输电线路状态监测装置免考核申请单模板

申请单位		申请日期	
申请人		审核人（签字&盖章）	
免考核开始时间		免考核结束时间	
清单信息			
申请原因			
解决方案			
备注			

填写说明：1. 此表须由申请单位运检部分管主任签字。
　　　　　2. 表格未尽事宜请用附件补充。